0~1岁宝宝辅食营养餐

让宝宝不挑食、不偏食、长得壮

解放军总医院第八医学中心营养科主治医师

王 晶 —— 编著

全国百佳图书出版单位

中国中医药出版社

·北 京·

图书在版编目（CIP）数据

0~1岁宝宝辅食营养餐：让宝宝不挑食、不偏食、
长得壮 / 王晶编著 .—北京：中国中医药出版社，2024.1
ISBN 978 - 7 - 5132 - 8428 - 8

Ⅰ . ① 0… Ⅱ . ①王… Ⅲ . ①婴幼儿 - 食谱Ⅳ .
① TS972.162

中国国家版本馆 CIP 数据核字 (2023) 第 184474 号

中国中医药出版社出版

北京经济技术开发区科创十三街 31 号院二区 8 号楼
邮政编码　　100176
传真　　010-64405721
北京盛通印刷股份有限公司印刷
各地新华书店经销

开本 889×1194　1/24　印张 12　字数 339 千字
2024 年 1 月第 1 版　2024 年 1 月第 1 次印刷
书号　　ISBN 978 - 7 - 5132 - 8428 - 8

定价　　59.80 元
网址　　www.cptcm.com

服 务 热 线　010-64405510
购 书 热 线　010-89535836
维 权 打 假　010-64405753

微信服务号　**zgzyycbs**
微商城网址　**https://kdt.im/LIdUGr**
官 方 微 博　**http://e.weibo.com/cptcm**
天猫旗舰店网址　**https://zgzyycbs.tmall.com**

如有印装质量问题请与本社出版部联系（010-64405510）

PREFACE   前言

刚出生的宝宝非常可爱，给全家人带来了欢乐。从宝宝出生的那一刻起，新爸爸新妈妈脸上的那份期盼与幸福，总让人感到无比的温馨。

在宝宝 0~1 岁期间，爸爸妈妈们需要考虑的很重要的一个问题就是宝宝喂养：第一口辅食怎样吃？怎样为不同月龄的宝宝添加辅食？如何把握食材的份量？如何做到兼顾营养与美味？宝宝挑食怎么办？孩子感冒、腹泻、便秘怎么吃？对鸡蛋、豆类、牛奶过敏的话怎么吃？如何提高孩子的抵抗力？

考虑到新爸爸新妈妈的疑问，我参考《中国居民膳食指南（2022）》中的"婴幼儿喂养指南"，对相关知识进行了梳理，意在帮助爸爸妈妈们顺利地制作宝宝餐，让宝宝能享受到营养美味的食物。

本书介绍了不同年龄段宝宝的营养需求、相对应的营养方案及有关的喂养知识，并特别针对孩子腹泻、便秘、感冒及对鸡蛋、豆类、牛奶等过敏的情况给出实用的饮食建议和相应的食谱。父母按照书中的指导，不仅能让孩子营养均衡、长得壮、少生病，还能锻炼宝宝的咀嚼能力，促进身体和智力的发育。

希望这本书能够帮助到新晋升的爸爸妈妈们，也祝愿你们的小宝宝健康成长！

目录 CONTENTS

绪论

第一章 轻松喂养第一步
营养餐制作小常识

第二章　帮宝宝习惯食物的味道
0～1 岁宝宝分阶段饮食

第三章　留住更多天然营养
常见营养食材轻松做

第四章 妈妈亲手做的最好
——0～1岁宝宝健康调理营养餐

常见问题调理

附录

宝宝喂养要做到营养均衡

宝宝每天的饮食最好包括 A、B、C 三类食物。

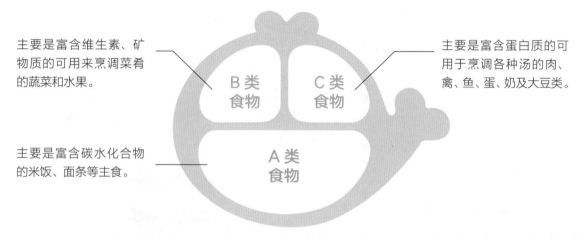

主要是富含维生素、矿物质的可用来烹调菜肴的蔬菜和水果。

主要是富含蛋白质的可用于烹调各种汤的肉、禽、鱼、蛋、奶及大豆类。

主要是富含碳水化合物的米饭、面条等主食。

B 类食物　C 类食物　A 类食物

A 类食物

面粉	大米	燕麦片
小米	玉米	红薯

B 类食物

菠菜	海带	西蓝花
香菇	橙子	苹果

C 类食物

鸡蛋	豆腐	牛奶
肉类	鱼肉	虾

小贴士

妈妈们不必做到每天的食谱都搭配得完全合理，比如宝宝今天蔬菜吃得少了，妈妈可以第二天多给宝宝吃一些蔬菜。另外，妈妈们也可以 2~3 天为单位为宝宝搭配合理的营养食谱。

妈妈们应该知道的

可以尝试添加营养餐的信号

💗 宝宝开始对食物感兴趣

随着消化酶的活跃，4 个月以后的宝宝消化功能逐渐成熟，唾液的分泌量不断增加。这时候的宝宝会突然对食物感兴趣，看到爸爸妈妈吃东西时，自己也会张开嘴巴或朝着食物倾上身，这时就可以开始准备给宝宝添加营养餐了。

💗 宝宝的推舌反射消失

每个新生儿都有用舌头推掉放进嘴里除液体外食物的反射习惯，这是一种防止造成呼吸困难的保护性动作。推舌反射一般在宝宝 4 个月左右时消失。家长把勺子放进宝宝嘴里，如果宝宝没有用舌头推掉，就可以开始喂营养餐了。

营养餐的添加原则

💗 适时添加

过早给宝宝添加辅食会导致宝宝腹泻、呕吐，伤及娇嫩的脾胃；过晚给宝宝添加辅食会造成宝宝营养不良，甚至拒绝吃辅食。所以，根据宝宝的身体情况适时添加辅食非常重要。

💗 由一种到多种

待宝宝习惯一种食物后，再添加另一种食物。每一种食物需适应一周左右，这样做的好处是如果宝宝对食物过敏，家长能及时发现并确认引起过敏的是哪种食物。

❧ 由少到多

拿添加蛋黄来说，应从加 1/4 个开始，密切观察宝宝的食欲及排便情况，比如一周内无特殊变化，则可加到半个，继续观察一周，然后增加至一个。

❧ 由稀到稠、由细到粗

添加辅食时应由稀到稠，从流质的奶类、豆浆，逐步过渡到米糊，然后是稀粥、稠粥，以后再到软饭、一般食物；应由细到粗，从细菜泥到粗菜泥，再到碎菜，然后是一般炒菜。

❧ 低糖无盐

0~1 岁宝宝的肾脏功能尚未发育完善，摄入盐和糖会加重宝宝肾脏的负担，所以宝宝的辅食要清淡，尽量保留食材天然的味道。

❧ 心情愉快

给宝宝添加辅食时，应该营造一种安静、干净的氛围，且有固定的场所和餐具，最好选择在宝宝心情愉快的时候添加辅食，这样有利于宝宝接受辅食。

添加营养餐的最佳时机

通常情况下，在宝宝出生后第 5 个月开始添加营养餐比较合适，因为宝宝满 4 个月前，消化器官还没有完全发育成熟，如果这时添加营养餐，会影响营养物质的消化和吸收，进而影响身体健康。总之，宝宝 5 个月大的时候，无论母乳分泌量多少，都应该给宝宝添加营养餐了。如果营养餐添加得过晚，宝宝身体需要的营养供给不足，会影响宝宝的生长发育。

另外，给宝宝添加营养餐应该在宝宝身体健康、消化功能正常的时候进行，如果宝宝身体不舒服，应停止或暂缓添加，以免宝宝消化不了。开始添加时不要强迫宝宝吃完，要慢慢来。

宝宝饮食搭配之对与错

冬天要给宝宝补充鱼肝油

冬天宝宝外出较少，不能接受充足的阳光照射，容易缺乏维生素 D。另外，由于1岁以内的宝宝生长发育较快，需要的钙较多，而有些家长认为母乳营养好，即使母乳不足也不增加配方奶粉及其他食物，造成宝宝生长发育需要的营养摄入不足，出现缺钙的相关症状。

冬天可适当给宝宝吃点鱼肝油，能补充维生素 A 和维生素 D，帮助钙吸收，预防佝偻病。

正确烹饪自带毒素的食物

例如，豆浆营养丰富，但是生豆浆中含有难以消化吸收的有毒物质，加热到 90℃以上时有毒物质才能被分解，因此豆浆必须煮透后才能给 1 岁左右的宝宝喝；扁豆中含有对人体有毒的物质，必须炒熟焖透才能食用，否则易引起中毒；发了芽的土豆会产生大量的茄碱，食用后会发生中毒，所以不能给宝宝食用。

不吃罐头食品或密封的肉食

罐头食品或密封的肉类食品加工时均要加入一定量的色素和防腐剂等添加剂。由于宝宝身体各组织对化学物质的反应及解毒功能还很弱，食入这些食物后会加重脏器解毒及排泄的负担，甚至会因为某种化学物质在体内的积累而引起慢性中毒，所以尽量不要给宝宝喂此类食物。

宝宝的食物最好现做现吃

现做现吃的饭菜营养丰富，剩饭剩菜在营养价值上大打折扣，而且越是营养丰富的饭菜，病菌越容易繁殖，如果加热不够，就容易引起食物中毒，宝宝吃后会出现恶心、呕吐、腹痛、腹泻等类似于急性肠炎的症状。因此，要尽量避免给宝宝吃剩饭剩菜，特别是剩的时间较长的饭菜。隔夜的饭菜在食用前要先检查有无异味，确认无任何异味后，加热至少 20 分钟后再食用。

1岁以内的宝宝不宜喝牛初乳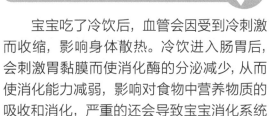

牛初乳中含有丰富的蛋白质和免疫球蛋白，还富含自然合成的天然抗体，能增强人体的免疫力。不过，0~1岁的宝宝身体器官尚未发育完全，且母乳中的免疫球蛋白完全能抵御致病菌及病毒的入侵，让宝宝少生病，所以1岁以内母乳喂养的孩子一般不建议喝牛初乳。

宝宝不宜吃巧克力

巧克力中含有较多的脂肪和热量，是牛奶的 7~8 倍，但对宝宝来说并不宜吃，因为巧克力中含有的蛋白质较少，钙和磷的比例也不合适，糖和脂肪太多，不能满足宝宝生长发育的需求。另外，吃巧克力往往会导致宝宝食欲低下，长此以往会影响宝宝的生长发育。

宝宝的饮食应讲求精细

食物过于精细会造成宝宝缺乏某种或多种营养物质，从而引起一些疾病。所以，要多给宝宝吃些含膳食纤维的食物，比如蔬菜中的芹菜、油菜等，这些食物能促进咀嚼肌的发育及宝宝牙齿和下颌的发育，也能促进胃肠蠕动，增强胃肠的消化功能，防治便秘，对龋齿和结肠癌能起到一定的预防作用。

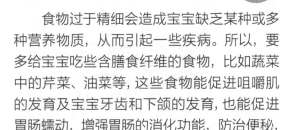

宝宝不宜吃冷饮

宝宝吃了冷饮后，血管会因受到冷刺激而收缩，影响身体散热。冷饮进入肠胃后，会刺激胃黏膜而使消化酶的分泌减少，从而使消化能力减弱，影响对食物中营养物质的吸收和消化，严重的还会导致宝宝消化系统功能紊乱，使宝宝发生经常性腹痛。

用水果代替不爱吃的蔬菜

水果中无机盐、膳食纤维的含量比蔬菜低。与蔬菜相比，水果促进胃肠道蠕动、促进无机盐中钙和铁吸收的作用要相对弱一些。如果经常以水果代替蔬菜喂宝宝，水果的摄取量就会增大，导致宝宝摄入过量的果糖，而果糖摄入太多时，不仅会使宝宝的体内缺乏铜元素，还会影响骨骼的发育，易造成身材矮小。另外，宝宝摄入过量的果糖后经常会有饱腹感，影响食欲。

巧妙应对宝宝挑食

一份对 8 个国家、2880 名母亲进行的关于宝宝是否挑食的调查结果显示，全球平均有 57% 的妈妈认为自己的宝宝有挑食的毛病。要想让宝宝不输在"吃"的起跑线上，就要让宝宝和偏食说再见。

烹调妙招

❤ 变换烹调方法

同样的食材可选用不同的烹调方法，比如蒸、煮、炖、氽等烹调方法能使食物软烂易嚼，宝宝更乐于食用。

❤ 把不喜欢的食物掺在喜欢的食物中

家长可以在宝宝最喜欢吃的食物中掺入不喜欢吃的食物，比如宝宝不爱吃胡萝卜，可以把胡萝卜切成碎末，拌在菜里或饺子馅中，开始时只掺少量胡萝卜，以后再逐渐加量，这样更容易被宝宝接受。

❤ 用可爱的餐具盛装食物

把宝宝不喜欢的食物放到可爱的餐具中，不但能吸引宝宝的注意力，还可大大提高宝宝想吃的欲望。

心理矫正妙招

❤ 榜样示范

爸爸妈妈应该成为宝宝的榜样，不挑食，不要在宝宝面前说自己不爱吃什么菜、什么菜不好吃之类的话，以免误导宝宝。

❤ 让宝宝亲身体验

让宝宝观看或参与食物的制作过程，比如在家发豆芽、一起包饺子或烤蛋糕等，在制作过程中让宝宝充分发挥创造力，面对自己参与劳动所得到的成果，宝宝自然会有好胃口。

0~1岁宝宝的饮食原则

提倡母乳喂养

母乳中含有牛奶等其他代乳品所不能替代的丰富且易消化吸收的营养物质，尤其是母乳中所含的氨基酸是宝宝生长发育的必需营养素。母乳中的矿物质是最符合宝宝生理需要的，其中钙、铁的吸收率都比牛奶的高。母乳喂养可以预防宝宝佝偻病，降低贫血的发病率。

营养全面且均衡

给宝宝吃的食物品种要尽量多样，避免食物品种过于单一，这样能保证摄入的营养全面而均衡，确保宝宝生长发育必需的七大类营养素——碳水化合物、维生素、纤维素、矿物质、脂类、蛋白质、水的均衡摄入。

食物味道清淡

给宝宝烹调的食物尽量少油、少盐、少糖、少调味剂，最大限度地保留食物本身的营养和天然味道。

满 4 个月后可添加辅食

宝宝满 4 个月，也就是第 5 个月开始就可以添加辅食了。婴儿营养米粉是宝宝最好的起始辅食，强化了钙、铁、锌等多种营养素，宝宝食用后可以获得比较均衡的营养，而且肠胃负担也不会过重。米粉最好在白天喂奶前添加，上、下午各一次，每次用奶粉罐内的小勺舀取两勺干米粉，加温水和成糊喂给宝宝食用。每次喂完米粉后，应立即用母乳或配方奶将宝宝喂饱。

食材要新鲜

妈妈在购买食材的时候尽量选择新鲜的食材，少购买垃圾食品、合成食品、加工食品、腌渍食品、冰冻食品、反复融冻食品。食物的量尽量刚好，少给宝宝吃剩饭剩菜。

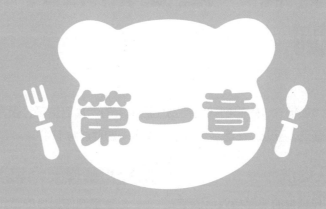

第一章

轻松喂养第一步

营养餐制作小常识

制作营养餐一定要知道的烹调原则

一旦开始给宝宝添加辅食，妈妈们就要特别注意宝宝的饮食卫生了，因为宝宝的免疫力比较弱，很容易受到细菌感染。所以，在给宝宝准备食物时一定要注意卫生。

烹调前一定要认真洗手

家长在为宝宝制作辅食时要保持双手清洁干净，在烹调之前一定要用香皂把手洗干净，最好使用具有杀菌功能的香皂。另外，如果指甲过长要及时剪短。

食物现做现吃

尽可能给宝宝吃当餐制作的食物，尤其是在夏季，食物在室温下摆放 2 小时细菌就会大量繁殖，宝宝吃了这种食物会出现腹泻。

食材选料新鲜

蔬菜在买回来后应该先用清水冲洗掉表层的脏物，减少有毒化学物质、细菌、寄生虫的残留。吃水果前要先将水果洗净，浸泡15分钟，尽可能去除残留的农药。如果条件允许，尽量选择没有被农药污染的新鲜食物，因为宝宝的脾胃娇嫩，很容易被有害物质损伤。

厨具和餐具要经常消毒

给宝宝制作辅食的厨具和餐具在使用后要及时清洗干净，而且最好不要同大人的混用。宝宝的餐具每周最好用洗碗机或高温热水消毒1~2 次。

单独烹调

宝宝的辅食要求细烂、清淡，所以不要将宝宝吃的辅食与成人吃的食物混在一起制作，要按宝宝辅食硬度的要求来制作。

生、熟食物要分开

切生、熟食物的刀一定要分开，每次使用后都要彻底清洗并晾干。切食物的砧板一定要经常消毒，最好每次用之前先用开水烫一遍。

制作营养餐的常用工具

给宝宝制作营养餐时虽然可以使用平时大人用的厨具，但还是建议特别准备一套宝宝专用的厨具，这样使用起来比较方便，能为妈妈们节省很多宝贵的时间。

计量杯

在测量汤水时使用，一般为 200 毫升制品，也有的可达 250 毫升。

计量勺匙

测量少量食材时使用，一般 5 个为一组，从大到小分别为 15 克、10 克、5 克、2.5 克和 1 克。

宝宝专用匙

选择不锈钢或塑料材质的婴幼儿专用匙，要求匙入口部分短、圆且光滑，使用起来比较安全。

擦碎器

用来将蔬菜或水果擦成细丝、薄片或泥糊。

打蛋器

用来将鸡蛋液打散，制作营养餐时可用来混合稀释搅拌。

过滤筛

在榨汁和过滤汤水时使用。

研钵和研棒

用来捣碎食物。

婴幼儿专用餐具

用来盛放营养餐和喂食用的餐具。

搅拌机

用来把食物搅碎，也可拿来榨蔬果汁。

营养食材冷冻储存要点

要点 1　冷冻时间不要超过 1 个星期

　　冰箱不是保险箱，里面冷冻的食物也不是永远都能完全保持其口感和营养价值的。总体来说，冷冻保存的食品冷冻时间越长，口感和营养价值就越差。用来给宝宝做辅食的食品冷冻时间不要超过一个星期。

要点 2　让食材急速冷冻

　　急速冷冻可最大限度地保留食物的口味和营养，这就要求食材的体积不能过大，比如可将肉类切成片或剁成末，按每次的计划用量分装，食材体积小了就可以实现急速冷冻。食材解冻时要放在15℃以下的空气中自然解冻，这样才不会改变食材的口味和营养，最好的解冻方法是放到冰箱的冷藏室内解冻。

要点 3　贴上食物名称和冷冻日期

　　直接送进冰箱冷冻的食物很容易变干，可将食物放在保鲜盒或保鲜袋中存放，并在上面贴上食物名称和冷冻日期，这样就不会忘记有哪些食材或食材的冷冻时间了，有助于在食材最新鲜的时候做给宝宝吃。

烹制营养餐的基础方法

第一次照顾宝宝的新妈妈们烹调经验比较少，常常会觉得制作营养餐是一件让人手忙脚乱的事。如果掌握了以下方法，制作营养餐就会变得很轻松了！

自己动手制作天然调味料

给宝宝制作营养餐时，如果不放味精或鸡精，总觉得少了点鲜味，但放了味精又总觉得不健康。家长可以将晾至干硬的食材磨成粉，加入营养餐中当作味精来调味，这样不但能使营养餐的味道更好，而且能为宝宝补充营养。

香菇粉

取 500 克鲜香菇，去蒂，洗净，在阳光下晒至干透，放入搅拌机的干磨杯中磨成粉，再放入密封瓶中保存即可。

海苔粉

取 100 克海苔片，用剪刀剪成小块，放入搅拌机的干磨杯中磨成粉，再放入密封瓶中保存即可。

花生粉

取 300 克市场上出售的炒熟带壳花生，去壳后取花生仁放入搅拌机的干磨杯中磨成粉，再放入密封瓶中保存即可。

小鱼粉

取鲜小银鱼适量，去掉内脏，冲洗干净，沥干水分，在阳光下晒至干透或放入微波炉中进行干燥，放入搅拌机的干磨杯中磨成粉，再放入密封瓶中保存即可。

虾粉

虾皮用水浸泡去咸味，捞出后把水挤干，放入炒锅中小火翻炒至虾皮完全失水、颜色微黄，放入搅拌机的干磨杯中磨成粉，再放入密封瓶中保存即可。

做好的调料粉要放在干燥的环境内保存，千万不要让它进水或受潮，否则会聚成团，没法继续使用。

煮粥

宝宝的辅食添加与营养配餐要从谷类食物开始，其中米粥最为理想。煮粥是制作宝宝营养餐最基本的方法，可根据不同的生长发育阶段选择适宜的米量和水量来制作适合宝宝食用的粥。

十倍粥，即煮粥时加入的水量是米量的 10 倍，即如果用了 30 克的大米，就要加入 300 毫升的水。每次给宝宝喂 30 克左右的十倍粥。

七倍粥，即煮粥时加入的水量是米量的 7 倍，即如果用了 30 克的大米，就要加入 210 毫升的水。每次给宝宝喂 50 克左右的七倍粥。

辅食添加初期的十倍粥

辅食添加中期的七倍粥

做法
1. 取 30 克大米淘洗干净。
2. 汤锅置火上，倒入淘洗好的大米和 300 毫升清水，大火煮开后转小火煮 20 分钟。
3. 关火后盖着锅盖闷 10 分钟即可。

小贴士
煮十倍粥容易溢锅，所以最好不要用太小的锅。

做法
1. 取 30 克大米淘洗干净。
2. 汤锅置火上，倒入淘洗好的大米和 210 毫升清水，大火煮开后转小火煮 10 分钟。
3. 关火后盖着锅盖闷 10 分钟即可。

小贴士
煮好的粥盖着锅盖闷一会儿，会更稀软好吃。

五倍粥，即煮粥时加入的水量是米量的 5 倍，即如果用了 30 克的大米，就要加入 150 毫升的水。每次给宝宝喂 90 克左右的五倍粥。

软饭，即加水量比五倍粥少，但比正常蒸米饭用的水多一些。

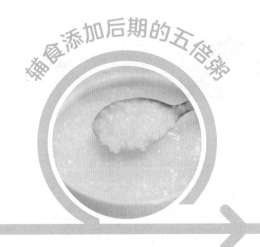

辅食添加后期的五倍粥

辅食添加完成期的软饭

做法

1. 取 30 克大米淘洗干净。
2. 汤锅置火上，倒入淘洗好的大米和 150 毫升清水，大火煮开后转小火煮 10 分钟。
3. 关火后盖着锅盖闷 10 分钟即可。

小贴士

五倍粥比七倍粥和十倍粥都要稠一些。

做法

1. 取 30 克大米淘洗干净。
2. 将淘洗好的大米倒入电饭锅中，加入 70 毫升清水，盖严锅盖，蒸至电饭锅提示饭蒸好，不揭锅盖闷 5 分钟即可。

小贴士

可以在软饭中加入豆腐、蔬菜等。

制作高汤

鱼汤

材料 鳙鱼头1个,葱段、姜片、植物油各适量。

做法

1. 将鳙鱼头收拾干净,然后洗净,剖开,沥干水分。
2. 锅置火上,倒入适量植物油烧热,放入鱼头,两面煎至金黄色,盛出。
3. 将煎好的鱼头放入砂锅中,加2000毫升温水、葱段、姜片,大火煮开,转小火煮至汤色变白、鱼头松散,关火,晾凉。
4. 将汤过滤后,取一次的用量装入保鲜袋中,系好袋口,放入冰箱冷冻即可。

营养师支招

鱼头略煎后煮制,汤汁呈奶白色,味道更鲜美。

鸡汤

材料 鸡骨架1副。

做法

1. 将鸡骨架收拾干净,再用滚水烫去血水后捞出,冲洗掉表面的血沫,放入另一锅中,加入2000毫升清水,大火煮开后转小火煮。
2. 边煮边撇净表面浮沫,用小火煮30~40分钟,捞出鸡骨架,取汤汁,晾凉。
3. 取一次的用量装入保鲜袋中,系好袋口,放入冰箱冷冻即可。

营养师支招

使用的头一天晚上,先将冷冻的鸡汤放到冷藏室里解冻,第二天就可以直接用啦!

猪棒骨高汤

材料 猪棒骨2个。

做法

1. 将猪棒骨清洗干净，再用沸水焯烫去血水，捞出，冲洗掉表面的血沫，放入另一锅中，加入2000毫升清水煮开，转小火继续煮。

2. 边煮边撇净表面浮沫，煮2小时后捞出猪棒骨，取汤汁。

3. 汤汁晾凉后放入冰箱冷藏1~2小时，待表面油脂凝固后取出，刮去表面油脂，取一次用量的高汤装入保鲜袋中，系好袋口，放入冰箱冷冻即可。

营养师支招

高汤不容易倒入保鲜袋中，可以先将保鲜袋套在大碗上，这样倒起来就很容易了。

素高汤

材料 黄豆芽200克，胡萝卜1根，鲜香菇10朵，鲜笋300克。

做法

1. 将黄豆芽择洗干净。将胡萝卜、鲜笋择洗干净，切块。将鲜香菇择洗干净，切块。

2. 将黄豆芽、胡萝卜、香菇、鲜笋放入砂锅中，加2000毫升清水，大火煮开，转小火再煮30分钟。

3. 汤煮好后，捞起汤料，将清汤自然晾凉，然后装进保鲜盒，放入冰箱冷藏。高汤可以保存3天左右，所以一次不要煮太多。

营养师支招

这种素高汤也可以倒进冰格中冷冻保存。

常见营养食材的处理方法

压碎

1. 用勺背压碎。将食物放入盘子或其他容器中，用勺背将食物压碎。

2. 用菜刀压碎。硬度像豆腐一样的食物可放在砧板上用刀的侧面摁压，这样能轻松地碾碎。

榨汁

1. 用榨汁机榨汁。可以用榨汁机榨橙汁、橘子汁、西瓜汁等，具体做法是将果肉切成小丁后倒入榨汁机中，榨汁机会自动将汁和渣分离，取汁非常方便。

2. 用擦板榨汁。可用擦板榨番茄、黄瓜等蔬菜汁，具体做法是将盛放蔬菜汁的容器放在擦板下，一手抓牢擦板，一手拿已切开的蔬菜，取大小合适的蔬菜在擦板上来回擦，这样就可以擦出蔬菜汁了。

研磨

1. 用研钵研磨。做十倍粥时就可以用杵棒将熟米粒捣碎。最好事先准备好专门用于制作宝宝营养食品的研钵。

2. 用搅拌机研磨。花生、芝麻等食物可以用搅拌机所带的干磨杯将食物研磨成粉，这样能节省不少的时间。磨好的食物粉末可以添加在宝宝的营养餐中。

妈妈一定要会做的常见基础营养餐

米糊

可用食材： 大米。

所需工具： 搅拌机、汤锅。

制作过程：

1. 用搅拌机的干磨杯把干净无杂质的大米磨成粉。
2. 汤锅置火上，倒入米粉和冷水大火煮开，转小火熬煮。
3. 边煮边搅拌，煮至呈糊状，离火凉至温热后食用。也可加配方奶粉一起食用。

小贴士

添加米糊，就不能同时添加蔬菜泥，要等宝宝适应米糊后再添加蔬菜泥，一样一样地加，宝宝适应了一种食物后，再添加新的品种。

蔬果汁

可用食材： 青菜、胡萝卜、橙子、西瓜、苹果、木瓜、葡萄等。

所需工具： 榨汁机。

制作过程：

1. 将蔬菜或水果清洗干净后切成小块。
2. 将切好的蔬菜或水果块放入榨汁机中榨汁。
3. 水果汁要按宝宝月龄按照不同比例加入温水稀释。

小贴士

宝宝分别适应了蔬菜和水果后，可以将水果汁和蔬菜汁混合起来喂给宝宝。

蔬果泥

可用食材： 胡萝卜、南瓜、土豆、香蕉、苹果等。

所需工具： 蒸锅、白钢小汤勺。

制作过程：

1. 将胡萝卜、南瓜、土豆等蔬菜择洗干净，切成小块，用蒸锅蒸熟，再用白钢小汤勺的勺背压成泥即可。
2. 宜选择熟透的香蕉、苹果等，用白钢小汤勺直接刮取果肉给宝宝食用即可。

小贴士

蔬果泥要现做现吃，不然放置时间太长会损失营养。

肝泥

可用食材： 鸡肝、猪肝。
所需工具： 蒸锅、研钵。
制作过程：

1. 将新鲜的鸡肝或猪肝去净筋膜，用清水浸泡去除血水，洗净，放入盘中。
2. 蒸锅置火上，倒入适量清水，放上蒸帘，放入鸡肝或猪肝蒸熟。
3. 将蒸熟的鸡肝或猪肝切成小块，放到研钵中，用杵棒捣成泥，放入粥或面条中食用。

小贴士

鸡肝和猪肝富含铁，给宝宝吃鸡肝或猪肝的同时喂些富含维生素 C 的橘子汁等果汁，能促进铁的吸收。

肉泥

可用食材： 净鱼肉、瘦猪肉、鸡胸肉等。
所需工具： 蒸锅、研钵。
制作过程：

1. 取 30 克净鱼肉或瘦猪肉（也可用鸡胸肉），洗净。
2. 汤锅置火上，加适量清水，放入洗净的肉，煮熟，肉汤留用。
3. 将煮熟的肉切成小丁，放入研钵中捣成泥，加少量肉汤搅拌均匀即可。

小贴士

宝宝分别适应了肉类和蔬菜后，可在肉泥中加入蔬菜泥，让宝宝吸收更全面的营养。

常见营养食材的处理窍门

煮出营养好吃的嫩鸡蛋

给宝宝食用的鸡蛋不要煮得过老，因为鸡蛋煮得过久会导致蛋黄表面形成灰绿色的硫化亚铁层，很难被宝宝消化吸收。

煮出营养好吃嫩鸡蛋的方法：用流动的清水洗净鸡蛋壳，凉水下锅煮开后再煮 3 分钟，离火，不拿下锅盖闷 2 分钟即可。

让鱼肉的味道更鲜美

鱼肉肉质细嫩，又较其他肉类、蛋类等食物更易消化，对月龄小的宝宝尤为适宜，经常食用能促进发育，强身健体。给宝宝食用的深海鱼宜选用略带脂肪的鱼肚肉，这样宝宝吃起来才不会感觉鱼肉发柴而难以入口。但是，深海鱼的腥味较大，所以去除腥味很关键，这样宝宝才能接受鱼肉的味道，汲取鱼肉中的营养。

给鱼肉去腥、让肉质更嫩滑的方法：把去净鱼刺的鱼肉洗净，放入烧至温热的水中，淋入少许醋，烧至锅中的水沸腾，淋入适量的水淀粉在鱼肉上，这样煮出的鱼肉会更鲜美，肉质更嫩滑，新妈妈们赶紧试试吧！

巧去番茄的皮和籽

月龄小的宝宝难以消化番茄的皮和籽，制作时要将番茄的皮和籽去除干净。

番茄去皮和去籽的方法：番茄洗净，在蒂部用刀划个"十"字，放入沸水中焯烫 30 秒，捞出放冷水中浸凉后剥去皮，切薄片，用白钢勺的柄将番茄的籽挖下来即可。

让藏在花柄处的菜虫现形

菜花易生虫，而且有些菜虫会钻进菜花花柄的缝隙处，这让菜花不容易被清洗干净。下面教新妈妈们如何将菜花处理干净：摘去菜花边缘的绿叶，削去菜花的老根，将菜花放入淡盐水中浸泡 10 分钟（水量以没过菜花为宜），这样可以将藏匿在花柄缝隙处的菜虫逼出来，然后在拧开的水龙头下用软毛刷将菜花表面的污物洗刷干净，再将菜花倒着拿在手上，用流动的水冲洗花柄的缝隙处即可。

营养餐常用食材的制作要点

种类	5~6个月	7~9个月	10~11个月	12个月
米饭	做成米汤	做成7倍粥	做成能看清米粒的5倍粥	做成软饭
土豆	蒸熟去皮后过筛，制成细腻的土豆泥	蒸熟后去皮捣碎	蒸熟去皮后切成边长1厘米的块	蒸熟去皮后切成方便用勺子舀起的小块
胡萝卜	蒸熟后捣碎，然后煮成糊（第6个月开始）	蒸熟后捣碎	切成0.5厘米宽的细条后蒸熟	切成0.7厘米宽的细条后微蒸
菜花	只用花冠部分，煮熟捣碎后再煮一下	只用花冠部分，煮熟后捣碎	煮熟后切小块	煮熟后切成方便用勺子舀起来的小块
圆白菜	切碎后煮熟	切碎后放进粥里煮烂	蒸软后切小片	切块后蒸软
菠菜	取叶子煮熟，切碎后加进粥里煮（第6个月开始）	取叶子煮熟切碎	取整棵菠菜焯软后切碎，加进粥里煮	取整棵菠菜焯软后切碎

种类	5～6个月	7～9个月	10～11个月	12个月
苹果	去皮除核，切小块蒸熟后捣碎	切成边长约0.3厘米的块，蒸熟	切成边长约0.5厘米的块，蒸熟	切成薄片让宝宝直接拿着吃
鸡肉	X	煮熟后切碎，加少许高汤煮成泥	煮熟后切碎	煮熟后切成比之前稍微大一些的块，利于宝宝咀嚼
鱼肉	X	煮熟后去皮和鱼刺，捣成泥	煮熟后去皮和鱼刺，捣碎	煮熟后去皮和鱼刺，稍加捣碎
豆腐	X	煮熟，碾成泥	切成小丁煮熟，硬度以宝宝用舌头就能碾碎为宜	切成边长1厘米左右的块
鸡蛋	X	煮熟后只取蛋黄，碾碎	取生鸡蛋黄蒸成鸡蛋羹	做成蛋黄泥或鸡蛋羹
豌豆	X	煮熟后用勺子压碎	煮熟后用勺背压碎成3～4瓣	蒸软饭时放进大米里一起蒸

不同食材的计量法

食材的用量不用去精确计量，用我们平时用的勺子和我们的感觉就能取到适当的量。

大米 10 克

1 勺的量。

泡后的大米 10 克

勺中的米凸起 0.5 厘米的量。

西蓝花 10 克

2 个鹌鹑蛋大小 或剁碎后 1 勺的量。

西蓝花 20 克

3 个拇指大小 的量。

土豆 10 克

5 厘米 ×2 厘 米 ×1 厘米的长条 或搅碎后 1 勺的量。

土豆 20 克

直径约 4 厘米的 土豆切取 1/4。

胡萝卜 10 克

搅碎后 1 勺的量。

胡萝卜 20 克

直径约 4 厘米 的胡萝卜切取 2 厘 米厚的一块。

菠菜 10 克

勺子一样大 小的 2 片或搅碎 后半勺的量。

菠菜 20 克

从茎到叶子约 12 厘米长的菠菜 5 根。

金针菇 20 克

用手握住时食指 能碰到拇指的第一个 指节。

豆芽 20 克

用手握住时食 指碰不到拇指的第 一个指节。

红薯 20 克

直径约 5 厘米的红薯切取 2 厘米厚的一块。

洋葱 10 克

拳头大小的洋葱切取 1/16。

南瓜 10 克

搅碎后 1 勺的量。

南瓜 20 克

直径约 10 厘米的南瓜切取 1/16。

香菇 20 克

中等大小的香菇 1 个。

黑豆 10 克

50 ~ 65 粒。

牛肉 10 克

2 个鹌鹑蛋大小或压碎后 1/3 勺的量。

牛肉 20 克

1 满勺的量。

苹果 10 克

压成泥后 1 勺的量。

豆腐 10 克

压碎后 1 勺的量。

豆腐 20 克

切取一块标准豆腐的 1/10。

勺计量法

1 小勺相当于 1 大勺的 1/3；食材在勺中达到凸起的程度，是压成汁后 5 毫升的分量，相当于成人用勺 3/4 勺或宝宝用勺 1 勺的量。把食材切碎或压成汁后的 10 克相当于成人用勺 1 勺或宝宝用勺 2 勺的量。

第二章

帮宝宝习惯食物的味道

0~1岁宝宝分阶段饮食

出生后第 5~6 个月，添加吞咽型辅食

5~6 个月宝宝的身高、体重参考标准

	5 个月宝宝的情况		6 个月宝宝的情况	
	男宝宝	女宝宝	男宝宝	女宝宝
身高正常范围（厘米）	62.3~71.6	60.7~69.9	64.0~73.5	62.4~71.7
体重正常范围（千克）	6.5~9.9	6.0~9.2	6.8~10.5	6.3~9.7

注：原始数据均来源于国家卫生健康委员会 2022 年发布的《7 岁以下儿童生长标准》，后同。

5~6 个月宝宝的变化有哪些

❤ 生疏感开始产生了

宝宝这时候看到爸爸妈妈会开心地笑，但看到陌生人，尤其是男性时，会把头藏到妈妈怀里，陌生人不再容易把宝宝从妈妈怀里抱走了，但是如果用吃的、玩具等引逗宝宝，宝宝会高兴，并让陌生人抱。这时候已经能看出宝宝的性格差异了，有的宝宝不愿让陌生人抱，有的却会对陌生人笑，并很快和陌生人熟悉起来。

❤ 用嘴啃小脚丫

宝宝不喜欢躺着了，开始尝试坐起来，有些宝宝 6 个月大时已经会坐了。宝宝变得喜欢热闹了，越是到人多的地方越高兴。6 个月大的宝宝还喜欢用嘴啃脚丫，随时都会用手抱着脚丫放到嘴里，躺着时也愿意抱着脚丫啃。

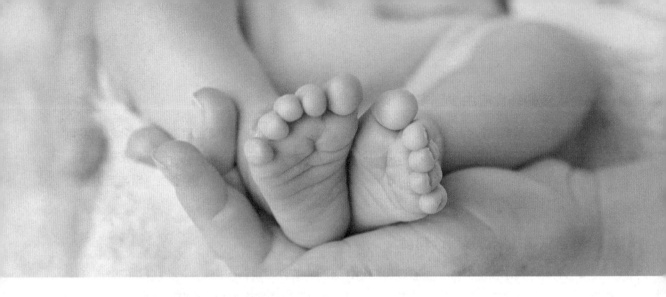

🐛 吃奶时对外界声响特别敏感

如果吃奶时外界有声响，宝宝会因为好奇而把头转过去看，这是对外界变化反应能力增强的表现。虽然有时候这会让妈妈感到很烦，但是要恭喜妈妈，宝宝又进步了。这时候，妈妈要换到安静的环境下喂奶，培养宝宝认真吃奶的好习惯。

辅食喂养指导

🐛 满足 6 个月宝宝的营养需求

从第 6 个月开始，宝宝的胃肠道等消化器官已相对发育完善，可以消化乳类以外的多样化食物，而且母乳已不能满足宝宝对铁的需求，这时候要通过添加辅食补充营养素，特别是铁。所以，满 6 个月的宝宝应该开始添加各种泥糊状的辅食，如婴儿米粉、菜泥、果泥等。

🐛 吃多少应由宝宝做主

让宝宝每餐辅食吃同样的量是很难做到的，常常会出现这顿吃得多，下顿吃得少的情况，没有定量。不过，吃多少辅食应由宝宝决定，要相信宝宝自己是知道饿或饱的。

其实，相比于定量，定时吃辅食更重要。建议父母在固定时间喂辅食，且要在一定时间内喂完，一般认为在 20 分钟内喂完比较合适，最多不能超过 30 分钟，超过 30 分钟后即使宝宝吃得比较少也不要继续喂了，避免宝宝养成不良的进食习惯。

❤ 宝宝的辅食应由少到多

刚开始添加辅食时应当让宝宝少吃一点，在尝试添加辅食的阶段给宝宝喂 1 勺、2 勺都没有太大问题，如果宝宝每次都能将辅食吃完，且没有呕吐、腹泻等不适表现，就可逐渐增加辅食量。

在辅食能够单独作为一顿加餐后，确定给多少量合适时要观察宝宝的接受度，看宝宝进食是否顺利，进食后是否有满足感，大便是否正常，发育指标是否正常，等等。

❤ 含铁婴儿米粉是首选辅食

虽然母乳中有丰富的营养，能够满足婴幼儿早期的营养需求，但母乳中含铁量偏低。满 6 个月后，宝宝从母体内获取的铁已经几乎消耗殆尽，必须通过增加含铁饮食来预防贫血。

此外，宝宝满 6 个月后，消化系统的协调性已相对成熟，能够接受辅食。婴儿米粉不容易导致宝宝过敏，因此宝宝的第一口辅食首选含铁婴儿米粉，既不容易导致过敏，又能补铁。

❤ 米粉在两顿奶之间添加

在宝宝辅食添加初期，如何给宝宝喂米粉也是有讲究的。

在两顿奶之间添加，开始时可以每天先加1次。

每次取一勺（奶粉罐内的小勺）米粉，用温水调成糊。

1　2

3　4

开始喂米粉时要用颜色鲜艳的勺子和碗，既可以锻炼宝宝的卷舌、吞咽能力，又有利于提升宝宝吃辅食的兴趣。

喂米粉时，父母可以用热切的眼神鼓励宝宝，让宝宝愉快地进餐。

父母必须记住，米粉不要冲调得太稀，以呈炼乳状可沿容器壁流下为佳。

在宝宝耐受最初的米粉量后，可逐渐加量。宝宝能够耐受米粉大约2周后再加上少许菜泥，并逐渐由每天一顿辅食增加到上、下午各一顿辅食。

❤ 购买不加糖的婴儿米粉

市场上很多米粉都添加了蔗糖，这种米粉很受宝宝的欢迎，但1岁以内的宝宝尽量吃原味米粉，因为宝宝天生偏好甜味，一旦过早吃到甜味食品，就会导致宝宝不再愿意接受没有味道的食物，甚至出现母乳喂养或配方奶喂养受阻的情况。

市场上还有很多米粉中添加了各类食物，比如蔬菜等，但初次添加米粉时最好还是选择原味米粉，因为宝宝接受辅食是一个尝试的过程，在这个过程中可能会出现宝宝对某些食物过敏的情况，尤其是宝宝本身就是过敏体质时。所以，等宝宝适应了原味米粉后再吃添加了蔬菜、肉类等附加食物的米粉更有利于宝宝健康成长。

完美营养辅食

🍂 每天必备营养素

营养素	每日所需
碳水化合物	稀饭 30～40 克
蛋白质	配方奶粉 55 克 蛋黄 2/3 个
维生素、矿物质	蔬菜、水果各 15～20 克
油脂	0～1 克

🍂 婴儿营养米粉——最好的起始辅食

宝宝满 4 个月后，最好的起始辅食是婴儿营养米粉。婴儿营养米粉中强化了钙、铁、锌等多种营养素，给刚开始添加辅食的宝宝吃些婴儿营养米粉，可使宝宝获得比较均衡的营养，胃肠负担也不会过重。

🍂 蔬菜的营养价值优于水果

水果的口感比较好，宝宝比较喜欢，而蔬菜常常被宝宝推到一边。实际上，蔬菜和水果的营养各有千秋，但是综合衡量起来蔬菜的营养价值要优于水果，其中含有很多促进宝宝发育的黄金营养素。此外，蔬菜还能促进食物中蛋白质的吸收。所以，要让宝宝同时爱上吃水果和蔬菜。

辅食添加要点

开始时间	从出生后第 5 个月开始
宝宝的饮食习惯	会模仿爸爸妈妈吃东西时的口型
优选食物	谷物：大米 薯类：红薯 蔬菜：胡萝卜、南瓜、西蓝花、菜花、油菜、圆白菜、蘑菇 水果：香蕉、苹果、西瓜
制作要点	如果宝宝常把喂进的食物吐出来，妈妈就要更换食材或对食物进行细加工
喂食次数和喂食量	全天喂两次营养餐，可以在上午 9：30 喂一次，下午 16：30 喂一次。喂米粥时从 1 小勺（5 克）开始，在宝宝 6 个月时达到 50 克；喂蔬菜粥时从 1 小勺（5 克）开始，在宝宝 6 个月时达到 4 小勺

食物硬度

5 个月大
将食物煮软后捣成泥，淋入高汤，加入淀粉后加热，制成糊。

6 个月大
将食物煮软后加高汤捣成糊，加入淀粉后加热，制成泥。

5～6个月宝宝一日进餐时间表

时间	食物
6：00	母乳或配方奶粉
9：30	辅食＋母乳或配方奶粉
14：00	母乳或配方奶粉
16：30	辅食＋母乳或配方奶粉
20：00	母乳或配方奶粉
24：00	母乳或配方奶粉

记住那时那刻

营养餐疑惑解答

怎样喂宝宝吃婴儿营养米粉更科学？

　　米粉最好在白天喂奶前添加，由少到多、由稀到稠，用温水和成糊，喂奶前用小勺喂给宝宝。每次喂完米粉后，应立即用母乳或配方奶喂饱宝宝。妈妈们必须记住，每次进食都要让宝宝吃饱。当然，如果宝宝吃辅食后不再喝奶，就说明宝宝已经吃饱，不需要再喂奶了。宝宝耐受最初的米粉量后，可逐渐加量。宝宝耐受米粉后 2 ~ 3 周可以加少许菜泥。

怎样制作蔬菜泥？

　　将洗净的蔬菜放入滚开水中焯烫 1 ~ 2 分钟，取出后剁成菜泥，加入米粉中，混合后一同喂给宝宝。最好选择绿色蔬菜的菜叶给宝宝制作菜泥。另外，也可将土豆、南瓜等蒸熟后碾成泥，混在米粉中喂给孩子。其中，要注意胡萝卜的制作方法：将洗净的胡萝卜切成大块，用少许热油煸炒一下，再放入蒸锅内蒸。在蒸的过程中，油会与胡萝卜素结合，这样宝宝才能吸收足够的胡萝卜素。

鸡蛋黄为什么不是宝宝的第一辅食？

　　过去人们大多认为富含铁的鸡蛋黄是宝宝的第一辅食，但由于鸡蛋黄中除了铁以外，还含有一些大分子蛋白质，不但易引起过敏，而且容易导致宝宝在消化吸收上出现问题，比如便秘等，所以现在更多地会选择同样富含铁但更易于宝宝吸收的婴儿营养米粉作为辅食。

　　另外，蛋黄的味道平平，吃起来干涩，容易引起宝宝反感，宝宝不爱吃鸡蛋黄是完全可以理解的。与蛋黄相比，水果或蔬菜泥的味道和性状都较容易被宝宝接受。

5~6个月宝宝营养餐

挂面汤

材料 鸡蛋挂面 1 份。

做法
挂面在开水中煮约 15 分钟，舀汤放温后喂食。

营养师支招
挂面汤富含蛋白质，容易消化吸收，能增强免疫力、平衡营养吸收。

易消化

滋养脾胃

大米汤

材料 精选大米 100 克。

做法
1. 大米淘洗干净，加水大火煮开，转为小火慢慢熬成粥。
2. 粥好后，放置 4 分钟，用勺子舀取上面不含饭粒的米汤，放温后即可喂食。

营养师支招
大米富含淀粉、维生素 B_1、矿物质、蛋白质等，可以作为宝宝母乳或配方奶粉之外的辅食，具有滋养宝宝脾胃的作用。

小油菜汁

材料 小油菜 250 克。

做法

1. 小油菜洗净，切段，放入沸水中焯烫至九成熟。
2. 将小油菜放入榨汁机中加纯净水榨汁，榨完后过滤即可。

营养师支招

小油菜富含膳食纤维，能帮助促进肠胃蠕动，让宝宝排便更通畅。

补钙、增强免疫力

南瓜汁

材料 南瓜 100 克。

做法

1. 南瓜去皮、瓤，切成小丁，蒸熟，然后将蒸熟的南瓜用勺压烂成泥。
2. 在南瓜泥中加入适量开水稀释调匀后，放在干净的细漏勺上过滤一下，取汁饮用即可。

营养师支招

南瓜能补中益气，通络止痛，解毒杀蛔虫。南瓜富含的胡萝卜素能增强宝宝免疫力。

解毒
杀虫

消除疲劳
预防感冒

圆白菜米糊

材料 大米 20 克，圆白菜 10 克。

做法

1. 将大米洗净，浸泡 20 分钟，放入搅拌器中磨碎。
2. 将圆白菜洗净，放入沸水中充分煮熟后，用刀切碎。
3. 将磨碎的大米倒入锅中，加适量水大火煮开，放入圆白菜碎，调成小火煮开。
4. 用勺子捣碎成糊即可。

营养师支招

圆白菜含有丰富的维生素 B 族、维生素 C 和膳食纤维，能帮助宝宝消除疲劳、预防感冒、促进肠胃的蠕动。

胡萝卜米粉

材料 含铁米粉 25 克，胡萝卜 20 克。

做法

1. 胡萝卜洗净，去皮切块，放入蒸锅中蒸熟，然后放入辅食机中打成泥。
2. 将米粉放入碗中，加水冲开，搅拌成糊。
3. 把胡萝卜泥用少量温水搅匀，稍稍晾凉，与米粉糊混合。

营养师支招

胡萝卜米粉含有铁、胡萝卜素，能帮助预防贫血，保护眼睛。

防贫血
护眼

补铁
防便秘

苹果米粉

材料 含铁米粉 25 克，苹果 30 克。

做法

1. 苹果洗净，去皮，去核，切块，放入蒸锅中蒸熟，然后放入搅拌机中，加适量温水打成泥，用过滤筛去渣。
2. 将米粉放入碗中，加水冲开，搅拌成糊。
3. 向苹果泥中加少量温水搅匀，稍稍晾凉，与米粉糊混合。

营养师支招

苹果米粉中含有铁、维生素 C 等，能帮助补铁、预防便秘。

南瓜米糊

材料 大米 20 克，南瓜 40 克。

做法

1. 大米洗净，用温水浸泡 30 分钟，捞出沥干水分后倒入搅拌机，加少许水打成米浆，然后过筛。南瓜去皮和瓤，洗净，放入蒸锅中充分蒸熟，然后放入碗中，用婴儿研磨器捣成泥。
2. 把米浆和适量水放入锅中煮沸，再放入南瓜泥搅匀，煮沸即可。

护眼
防便秘

养胃止泻

双米糊

材料 大米 30 克，糯米 60 克。

做法

1. 大米、糯米分别淘洗干净，大米浸泡 30 分钟，糯米浸泡 2 小时。
2. 将大米、糯米倒入全自动豆浆机中，加水至上、下水位线之间，按下"米糊"键，做好后取适量给宝宝吃即可。

营养师支招
双米糊能帮助宝宝健脾养胃、止泻，适合腹泻宝宝食用。

红薯米糊

材料 大米 20 克，红薯 30 克。

做法

1. 大米洗净，浸泡 30 分钟，沥干，放入辅食研磨碗中磨碎。
2. 将红薯洗净，蒸熟，然后去皮捣碎。
3. 把磨碎的大米和适量水倒入锅中，用大火煮开后放入红薯碎，调小火充分煮开。
4. 用过滤网过滤，取汤糊即可。

营养师支招

红薯米糊中所含的可溶性膳食纤维有助于促进肠道益生菌的繁殖，预防宝宝便秘。

防便秘

助力成长

土豆米糊

材料 大米 30 克，土豆 20 克。

做法

1. 大米洗净，用水浸泡 30 分钟，沥干水分。带皮土豆洗净，上锅蒸熟后去皮，切块。
2. 将大米、熟土豆块和适量水放入搅拌机中，打至呈细腻浆状。
3. 将打好的浆倒入锅中煮沸即可。

营养师支招

土豆米糊营养丰富，有助于促进宝宝成长。

幼儿急疹

幼儿急疹多发于 6～18 个月的宝宝，最典型的症状是起病急，高热达 39～40℃，持续 2～3 天，而后自然骤降，然后身体出红疹，精神也随之好转。

幼儿急疹一般不会引发别的并发症，热退疹出，皮疹经 1～2 天消退，不会留下任何痕迹。但是，很多家长见到宝宝发热就特别着急，非要带着患儿反复跑医院，这样不仅于事无补，反而有可能造成交叉感染，使病情复杂化。其实，宝宝患了幼儿急疹，只要精神状况比较好，经医生评估后病情稳定，家长在家精心护理就可以了。

1. 如果宝宝体温较高，并出现哭闹不止、烦躁等情况，可以给予物理降温，比如洗温水澡，用温水擦拭宝宝的额头、腋下、腹股沟等处，头部放置冰袋，多给宝宝喝温水，等等。

2. 让宝宝卧床休息，尽量少去户外活动，避免交叉感染。

3. 注意营养，饮食要清淡、易消化，可食用一些易消化的流食或半流食，如米汤、蔬果汁、面片等。

4. 体温超过 38.5℃时，要给宝宝服用退热药，以免发生高热惊厥。

5. 注意开窗通风，保持室内空气新鲜。每日通风 3～4 次。

流口水

这个月龄的宝宝唾液分泌增多了，吃了辅食之后分泌得更多，出乳牙也会让口水更多。可以在宝宝胸前戴一个小围兜，围兜湿了之后就换一个。口水可能会淹红宝宝的下巴，要用干爽的毛巾擦干，以免弄伤皮肤。给宝宝喂了食物后，要先清洗一下下巴再擦嘴。

仍不会翻身

如果宝宝 6 个月大时还不会翻身，父母要检查以下问题：宝宝是否穿得太厚，不方便自由行动；对宝宝的翻身训练是否不足。

父母可以帮助宝宝多做翻身训练：首先让宝宝侧卧，大人一只手拖住宝宝的前胸，另一只手轻推宝宝背部，让其俯卧。如果翻身后将上肢压在了身下，要帮宝宝拿出来，动作要轻柔。这时，宝宝的头会自动抬起，爸爸妈妈可以让他用双手或前臂撑起前胸。这种锻炼对训练翻身很有效。

如果宝宝经过训练仍然不会翻身，应寻求专业医护人员的帮助。

出生后第 7~8 个月，添加蠕嚼型辅食

7~8 个月宝宝的身高、体重参考标准

	7 个月宝宝的情况		8 个月宝宝的情况	
	男宝宝	女宝宝	男宝宝	女宝宝
身高正常范围（厘米）	65.4~75.1	63.9~73.4	66.8~76.7	65.3~75.0
体重正常范围（千克）	7.1~10.9	6.6~10.2	7.4~11.3	6.9~10.6

7~8 个月宝宝的变化有哪些

💗 活动能力更强了

之前坐得不很稳的宝宝，到了这个阶段能坐得很稳了，坐着时能自如地取附近的东西。有的宝宝还愿意勇敢地向后倒，并躺着玩一会儿，但宝宝往后倒时可能会磕到后脑勺，大人要随时注意宝宝身后不要有硬东西。

💗 需要养成良好的睡眠习惯

一般来说，宝宝白天的睡眠时间会继续缩短，夜间睡眠时间相对延长，这对爸爸妈妈来说是件高兴的事。但也有些宝宝白天贪睡，晚上精神，爸爸妈妈要改变宝宝的这种不良睡眠习惯，不能迁就宝宝，晚上按时关灯睡觉，半夜醒来也不陪玩，就安静地拍一拍宝宝，让其尽快入睡。

❤ 感情更丰富了

在这个阶段拿走宝宝的玩具，宝宝会大声哭。宝宝如果看不见妈妈会不安，甚至哭闹，看见妈妈后会非常高兴。如果爸爸经常照顾宝宝，宝宝也会和爸爸非常亲近的。在育儿生活中，爸爸不应该缺位。

辅食喂养指导

❤ 满足 7 个月宝宝的营养需求

第 7 个月宝宝的主要营养来源还是母乳或配方奶，添加的辅食只是补充营养不足，添加以蛋白质、维生素、矿物质、脂肪、碳水化合物为主要营养素的食物，包括蛋、肉、蔬菜、水果、米粉等。宝宝对铁的需求量明显增加，半岁前从母乳中吸收的铁能满足身体需要，但半岁以后，每日需要的铁增长为 30 毫克，就需要添加辅食来补足了。

❤ 满足 8 个月宝宝的营养需求

8 个月大的宝宝每日所需的热量与前一个月相当，也是每千克体重 90 千卡（1 千卡 ≈ 4.186 千焦）。蛋白质的摄入量仍是每天每千克体重 1.5 ~ 3.0 克。脂肪的摄入量比半岁以前有所减少，6 个月前脂肪提供的热量占总热量的 50% 左右，本月开始降到 40% 左右。8 个月大的宝宝应每日保证摄取母乳和（或）配方奶 600 毫升，含铁婴儿米粉、厚粥（米粒糜烂可堆起）、烂面等共 20 ~ 30 克，蛋黄 1 个，畜、禽、鱼肉共 50 克，蔬果适量。

❤ 根据宝宝情况添加辅食

此时要根据母乳的多少、宝宝睡眠情况等对辅食添加的时间和辅食量做出相应调整。

1. 按照现有的辅食添加习惯继续添加，只要宝宝发育正常，暂时不需要做调整。

2. 一天吃两次辅食，并适当减少奶量。

3. 对于不爱吃碎菜或肉末的宝宝，可以改变一下食物的形式，把碎菜或肉末混在粥内或包成馄饨。

4. 对于吃辅食较慢的宝宝，不要增加喂辅食的次数，应尽快调整辅食喂养方法。

5. 此时辅食的性质以柔嫩、半固体为好，如果宝宝不喜欢喝粥，但对成人吃的米饭感兴趣，可以尝试喂一些软烂的米饭。

6. 如果宝宝吞咽能力较强，可以给宝宝一些稍硬、方便手握的食物，让他拿着吃。

❤ 品种要多样，营养要均衡

此时的宝宝消化功能增强了许多，可食用碎菜、蛋黄、厚粥、面条、肉末、豆制品、果片（把苹果、梨、桃等水果切成薄片）等。少数确认对蛋黄过敏的宝宝应回避蛋黄，并相应地增加约 30 克肉类。爸爸妈妈在给宝宝制作辅食的时候，要注意营养的均衡搭配，比如把胡萝卜、南瓜、土豆等蒸煮好后弄碎，与用油炒过的肝末混合在一起做成肝汤，就是营养搭配成功的例子。

❤ 尝试吃固体食物

有的宝宝到 8 个月大时已经不爱吃软烂的粥、面条了。有的妈妈担心宝宝不能嚼烂食物，不适合吃半固体的食物，其实宝宝完全能应付，吃半固体的食物还可以锻炼咀嚼能力。爸爸妈妈可以给 8 个月大的宝宝喂软烂的米饭、稠粥、鸡蛋羹（去蛋清）了。

❤ 引入新食物时注意观察是否过敏

在给 7~9 个月宝宝引入新的食物时，应特别注意观察是否有食物过敏现象。第 1 次只需尝试 1 小勺，第 1 天可以尝试 1~2 次。第 2 天视宝宝情况增加进食量或进食次数。观察 2~3 天，如宝宝适应良好就可再引入一种新的食物，如蛋黄泥、瘦肉泥等。在宝宝适应多种食物后可以混合已确认不过敏的食物，如菠菜鸭肝泥、鸡肉青菜粥等。

如果在尝试某种新食物后1~2天出现呕吐、腹泻、湿疹等不良反应，要及时停止尝试，待症状消失后1~2个月再从小量开始尝试，如果仍然出现同样的不良反应，应尽快咨询医师，确认是否为食物过敏。对于宝宝偶尔出现的呕吐、腹泻、湿疹等不良反应，不能确定与新引入的食物相关时，不能简单地认为宝宝不适应此种食物而不再添加。宝宝患病时应暂停引入新的食物，已经适应的食物可以继续喂食。

❤ 不要过早给超体重儿加辅食

很多人认为超体重儿应该早些添加辅食，这是不科学的。虽然父母自以为"宝宝身体发育较快"，但不能说明消化系统发育也快。通常情况下，宝宝们的身体发育情况大致一样，虽然因体质不同而有所差异，但绝不代表超体重儿消化系统发育好，能过早接受辅食。同时，不能突然增加辅食量，如果宝宝一直想吃，一次也不能喂太多，应分开喂。

❤ 不要过分追求标准量

有些妈妈对宝宝每顿的进食量总是追求一定的"标准量"，这个量往往来自朋友的经验之谈，甚至是邻家宝宝的进食量，其实这样做是不对的，因为每个宝宝的食量不同，只要宝宝健康成长，妈妈不必过分追求"标准量"。事实上，根本没有妈妈追求的标准量，宝宝吃饱了就是标准。

❤ 不要在白粥中加含盐的食物

为了让宝宝多吃点白粥，妈妈往往会在白粥中加含盐的食物，其实这种粥并不适合宝宝吃。1岁以内的宝宝，肾脏功能未发育成熟，加盐、酱油会加重肾脏负担。一般奶类辅食均含有钠，能够满足宝宝需要。如果妈妈想让宝宝多摄入营养，可以在粥中加入一些蔬菜，使辅食的味道不断变化，符合喂养这个月龄宝宝的要求。

完美营养辅食

🍀 每天必备营养素

营养素	每日所需
碳水化合物	稀饭 50～80 克
蛋白质	蛋黄 1 个 配方奶粉 85～100 克 肉 10～15 克
维生素、矿物质	蔬菜、水果各 25 克
油脂	2～2.5 克

🍀 食物种类应丰富多样

从这一时期开始，妈妈们要让宝宝尝试不同的食物味道，宝宝的食谱应丰富多样，要注意合理搭配谷物、蔬菜、肉类等食物，这样能让宝宝均衡地摄取营养。在这个阶段，妈妈们要适当多给宝宝添加些鸡肉、鱼肉等有利于大脑发育的食物。另外，在丰富食物种类的同时，妈妈们要密切关注宝宝的反应，一旦出现过敏症状，要马上更换食谱。

🍀 通过吃肉来补铁

宝宝到 7 个月大时，从母体中得到的铁已经基本耗尽，这时最好通过摄取肉类来补充体内的铁。比较适合补铁的肉类有鸡胸肉和牛肉等。

辅食添加要点

开始时间	出生后第 7 个月开始
宝宝的饮食习惯	开始闹着要自己拿勺子吃饭
优选食物	谷物：玉米、馒头片、面条 蔬菜：南瓜、土豆、菠菜、胡萝卜、西蓝花、洋葱 水果：香蕉、苹果、白梨 肉类：瘦牛肉、鸡胸肉 其他：豆腐、海带末
制作要点	7 个月大的宝宝如果突然厌食，可暂停并根据宝宝的情况来制作辅食；宝宝 8 个月大时，要在软的食物里逐渐增加稍硬的食物，锻炼宝宝的咀嚼能力
喂食次数和喂食量	上、下午各喂食一次辅食，可以上午 10 点喂一次，下午 18 点喂一次，每次喂 40~80 克半固体食物、25 克蔬菜

食物硬度

7 个月大

将食物捣碎成边长约 2 毫米的块，食物的软硬程度以用手能轻轻捏碎为宜。

8 个月大

将食物捣碎成边长约 3 毫米的块，食物要有豆腐那样的软硬度。

7～8个月宝宝一日进餐时间表

时间	食物
6：00	母乳或配方奶粉
10：00	辅食 + 母乳或配方奶粉
14：00	母乳或配方奶粉
18：00	辅食 + 母乳或配方奶粉
22：00	母乳或配方奶粉

记住那时那刻

营养餐疑惑解答

怎样才能知道宝宝是不是吃饱了?

妈妈在给宝宝喂食物时,要密切关注宝宝的反应。吃饱的宝宝会发出以下信号:

1. 注意力不再集中在妈妈手里的勺子上了,开始自己玩。

2. 开始吐泡泡。

3. 用手将勺子推开。

4. 妈妈把食物送到嘴边时宝宝会将头转向另一边,不再像开始进食时那样有很强的食欲。

宝宝营养餐的摄取量是因人而异吗?

是的。宝宝在这一时期开始每天有规律地吃 2 次营养餐,每次的量应因人而异,食欲好的宝宝应稍微吃得多一点。因此,不用太依赖规定的量,以每次 80～120 克为宜,不宜喂得过多或过少。在比较难把握喂食量时,可以用原味酸奶杯来计量。一般来说,原味酸奶杯的容量为 100 克,因此要取 80 克的量时,盛原味酸奶杯的 4/5 左右即可。

可以给宝宝吃零食吗?

可以给宝宝吃些磨牙小饼干、水果泥等小零食,吃零食的时间最好安排在上、下午各一次,但不能吃得太多,以 20～30 克为宜,因为有些宝宝出现肥胖就与吃零食太多有关。

菠菜面条糊

材料 菠菜 15 克，无盐面条 30 克，鸡汤 300 毫升。

做法

1. 菠菜择洗干净，用沸水焯烫 1 分钟，捞出，切细末。面条剪成约 3 厘米长的小段。
2. 汤锅置火上，倒入鸡汤烧开，下入面条，小火煮至面条软烂，加入菠菜末即可。

营养师支招

菠菜面条糊富含胡萝卜素、叶酸、铁和钾，不但能促进宝宝的生长发育，而且具有养肝明目的功效。

养肝明目

促进生长发育

蔬菜米糊

材料 胡萝卜、小白菜、小油菜各 20 克，婴儿米粉 80 克。

做法

1. 将胡萝卜、小白菜、小油菜分别洗净，切碎，放入沸水中煮约 3 分钟，关火。
2. 待水稍凉后滤出青菜汤，加入婴儿米粉搅匀即可。

营养师支招

这道米糊中富含蛋白质、碳水化合物和维生素 C，对宝宝的健康有利，能促进生长发育。

蛋黄土豆泥

材料 熟蛋黄1个，土豆1个，温水100毫升。

做法

1. 熟蛋黄压成泥。土豆煮熟去皮，压成泥。
2. 锅中放入土豆泥、蛋黄和温水，放火上稍煮开，搅拌均匀即可。

营养师支招

蛋黄含有丰富的铁、卵磷脂、蛋白质等营养素，容易被宝宝消化吸收；土豆含有钙、维生素、氨基酸等，两者同食可促进宝宝大脑发育，增强免疫力。

增强
免疫力

芋头玉米泥

材料 芋头 50 克，玉米粒 50 克。

做法

1. 芋头去皮，洗净，切成块，放入水中煮熟。
2. 玉米粒洗净，煮熟，放入搅拌器中搅拌成玉米浆。
3. 用勺子背面将熟芋头块压成泥，放入玉米浆中，搅拌均匀即可。

营养师支招

玉米中富含谷氨酸，能促进脑细胞代谢，有一定的健脑益智功效。

健脑

预防缺铁性贫血

菠菜鸡肝泥

材料 菠菜 20 克，鸡肝 2 块。

做法

1. 鸡肝清洗干净，去膜，去筋，剁碎成泥。
2. 菠菜洗净后，放入沸水中焯烫至八成熟，捞出，晾凉，切碎，剁成蓉，将鸡肝泥和菠菜蓉混合搅拌均匀，放入蒸锅中大火蒸 5 分钟即可。

营养师支招

鸡肝中含有的铁较多，宝宝多食能预防缺铁性贫血。鸡肝还含有维生素 A，可以使宝宝的眼睛明亮。

土豆西蓝花泥

材料 土豆 30 克，西蓝花 50 克。

做法

1. 土豆洗净，蒸熟，去皮后用辅食研磨碗捣成泥。西蓝花洗净，取嫩的部分用沸水焯一下，打成泥。
2. 将土豆泥和西蓝花泥搅拌均匀即可。

营养师支招

西蓝花中维生素 C、胡萝卜素含量高，不但有利于宝宝生长发育，还能保护好视力。土豆含有丰富的淀粉，两者搭配食用能增强宝宝免疫力。

提高抗病力

润肠通便

红薯小米粥

材料 红薯 30 克，小米 20 克。

做法

1. 小米洗净。红薯洗净，去皮，切成边长 1 厘米左右的小块。
2. 锅内倒入适量清水烧沸，放入小米和红薯块，大火烧开后转小火煮 20～30 分钟，待粥稠即可。

营养师支招

红薯小米粥含有膳食纤维、维生素 B 族等，能帮助宝宝润滑肠道，预防便秘。

圆白菜西蓝花米粉

材料 圆白菜、西蓝花各 20 克，米粉 25 克。

做法

1. 取圆白菜心部，捣碎。西蓝花洗净，切碎。
2. 锅置火上，加适量水，放入圆白菜碎、西蓝花碎煮软，再放入冲好的米粉搅匀即可。

健脾胃
促消化

油菜蒸豆腐

材料 嫩豆腐 50 克，油菜叶 10 克，煮熟的蛋黄 1 个。

调料 水淀粉 10 克。

做法

1. 油菜叶洗净，放入沸水中焯烫一下，捞出切碎。
2. 豆腐放入碗内碾碎，然后和切碎的菜叶、水淀粉搅匀，再把蛋黄碾碎撒在豆腐碎表面。
3. 大火烧开蒸锅中的水，将盛有所有食材的碗放入蒸锅中，蒸 10 分钟即可。

营养师支招

油菜蒸豆腐富含优质蛋白质、钙等，且容易消化和吸收，有助于增强体质。

助消化
强体质

防便秘
防贫血

荠菜粥

材料 荠菜 25 克，大米 20 克，黑芝麻适量。

做法

1. 将荠菜洗净，焯烫一下后切成细末。黑芝麻炒香，磨成末。
2. 大米洗净，用清水泡 30 分钟。
3. 锅中放入大米和适量清水，大火烧开，改小火煮 20 分钟，加入荠菜末、黑芝麻末后再次开锅即可。

营养师支招

荠菜粥含有丰富的膳食纤维、维生素 C 等，能促进宝宝肠道蠕动以通便，还能促进体内铁的吸收，预防贫血。

❧ 不良睡眠习惯必须改正

对于这个月龄的宝宝来说，不好好睡觉可能是不良睡眠习惯导致的，爸爸妈妈要重视这个问题。

睡眠好的宝宝到了这个阶段可以睡整夜不醒，也不吃夜奶，即使换尿布也不醒。对于白天到了吃辅食的时间还在睡觉的宝宝，妈妈不要把熟睡的宝宝叫醒喂辅食，否则宝宝会哭闹，甚至导致宝宝厌食。妈妈要让宝宝睡个够，宝宝饿了就会自然醒来要吃的。

有些宝宝白天睡觉多，到了晚上十分精神，妈妈应该想办法改正宝宝这种不良的睡眠习惯。可以让宝宝在白天尽量玩得兴奋些，多消耗体力，这样宝宝可能会在晚上睡得早些，睡得踏实些。无论睡眠习惯如何，每天的睡眠时间要相对固定，爸爸妈妈要合理安排宝宝的睡眠时间。虽然想想就觉得很困难，但只要有耐心，慢慢还是可以调整好的。

❧ 分离焦虑容易导致宝宝不睡觉

妈妈出门上班去了，到了入睡时间，宝宝可能表现出分离焦虑。这种表现在7~9个月尤为明显，也很常见。妈妈应该怎么做？

1.用温柔有信心的语调向宝宝做出保证，"没事的，宝宝，妈妈没走远""妈妈会回来的"，来去都提前告知宝宝，不偷偷溜走，不突然出现，提高互动的质量，帮宝宝平稳度过这个阶段。

2.晚上睡前高质量的陪伴和互动在这个阶段很重要。换位思考一下，宝宝苦等了妈妈一天，还没来得及好好和妈妈嬉戏玩乐就得睡觉了，宝宝接受起来确实有难度。

❧ 改变奶睡、抱睡的入睡方式

宝宝小睡短、夜醒频繁等问题常常与奶睡、抱睡相关。最好的入睡方式是让宝宝躺在床上安静地睡着。

如何改变奶睡和抱睡的习惯呢？第一，让宝宝吃奶后玩耍，在睡觉之前要让宝宝充分地玩，玩累了就更容易入睡了，帮助宝宝逐渐切断吃奶与睡觉的联系。第二，妈妈从原来的走动抱哄，慢慢变成慢走抱哄配以嘘嘘声，几天后由慢走变为站在原地抱哄，再变为坐着哄，最后变为将宝宝放在床上，妈妈躺在宝宝身边轻拍哄睡。整个过程中每一个阶段都要持续几天，妈妈们要有耐心。

出生后第 9~10 个月，添加细嚼型辅食

9~10 个月宝宝的身高、体重参考标准

	9 个月宝宝的情况		10 个月宝宝的情况	
	男宝宝	女宝宝	男宝宝	女宝宝
身高正常范围（厘米）	68.0~78.1	66.5~76.4	69.2~79.4	67.8~77.8
体重正常范围（千克）	7.6~11.6	7.1~10.9	7.8~11.9	7.3~11.2

9~10 个月宝宝的变化有哪些

💗 宝宝会坐得很稳

这个时期的宝宝不需要依靠任何东西，就能很稳地坐较长时间，坐着时，会自己玩手里的玩具，且能自如地放下或拿起，还能双手互递，会自己趴下或躺下。需要说明一下，有的宝宝先爬，有的宝宝先坐，父母不必为此过分纠结。

💗 开始向前爬

一般来说，6~9 个月宝宝向前爬都属正常，虽然四肢运动协调性还不够好，但肚子能够离开床面，有时也会用肚子匍匐前进。出生后 9 个月还不会爬的宝宝需要加紧训练，必要时要去医院检查。

🌿 能抓物站起

满 10 个月的宝宝，和前几个月比较起来活动能力明显增强，可以抓着床栏杆站起来，这常常让爸爸妈妈非常惊讶。

辅食喂养指导

🌿 满足 9 个月宝宝的营养需求

母乳或配方奶仍是现阶段重要的食物。虽然宝宝所需要的营养越来越多，但是一天所需的热量仍然主要来自母乳或配方奶。此外，要适当增加辅食来满足宝宝的营养需求。

🌿 满足 10 个月宝宝的营养需求

10 个月的宝宝咀嚼力进一步加强，要让他逐渐养成一日三餐的饮食习惯。添加辅食时取材要广泛，常见的宝宝辅食，像粥、软饭、面条、蔬果、肉类等在这个月都要涉及。每顿饭要使用 3 种以上的食材，给宝宝补充充足的营养。

🌱 喂奶次数逐渐减少

9个月宝宝的喂奶次数和喂奶量应逐渐减少，每天喂600毫升就够了。需要说明的是，这不是说奶对于宝宝来说已经不重要了。

10个月宝宝要继续母乳喂养，如果需要断母乳，可逐渐添加配方奶，每日应吃3~4次奶，2~3次辅食，停止夜奶。

如果宝宝不喜欢喝奶，应增加肉、蛋等辅食以补充足够的蛋白质，同时注意补钙，但不能因此就不限制地减少奶量，保证宝宝每天摄入至少600毫升奶依然很重要。

🌱 让宝宝快乐接受蔬菜

蔬菜能够给宝宝提供丰富的营养，如何才能让宝宝爱上蔬菜？

1.试试在米饭里加入玉米粒、豌豆粒、胡萝卜粒、蘑菇粒，再点上几滴香油，美丽的"五彩米饭"或许能使宝宝食欲大增。再如，吃面条的时候可以配上黄瓜、焯豆芽、焯白菜丝、烫菠菜叶等。其实，10个月后，就可以把白菜等蔬菜放入鱼汤、肉汤中煮着吃。总之，这个时候让宝宝摄取足够的蔬菜非常重要。

2.如果宝宝暂时无法接受某一种蔬菜，可以找到与它营养价值类似的蔬菜来满足宝宝的营养需求。例如，宝宝不肯吃胡萝卜，可以吃富含胡萝卜素的西蓝花，但不要放弃胡萝卜，要多次尝试喂宝宝胡萝卜，鼓励但不强迫他进食，以免养出"挑食宝宝"。

3.让宝宝在愉快的氛围里吃蔬菜，让他热爱蔬菜。很多宝宝爱吃带馅食品，可以常在肉丸、鱼丸、饺子、包子里添加一些宝宝平时不喜欢吃的蔬菜。久而久之，宝宝就会习惯并接受不喜欢的蔬菜了。

🌱 不要用加工食品做辅食

妈妈在制作辅食的时候，尽量不要使用罐头及肉干、肉松、香肠等加工类肉食，这些食物在制作过程中营养成分流失过多，远没有新鲜食物营养价值高，并且在制作过程中还加了防腐剂、色素等对宝宝健康不利的物质。由于宝宝的身体发育不完善，这样做可能会增加其肝脏负担。

❤ 不要让宝宝吃太多

宝宝超重和营养不良一样，都是不正常的，必须纠正。如果宝宝每天体重增长超过 20 克，就应该引起注意。不过，注意不能用节食的方法给宝宝减肥，正确的做法是调整宝宝的饮食结构，少吃米面等主食及高热量、高蛋白质类食物，同时增加宝宝的活动量。注意，宝宝是否生长过快和过缓需要看他自己的生长曲线，不能只看长了多少体重和身高。

❤ 不要过分担心辅食量的多少

这一时期的宝宝开始有了独立意识，能按照自己的意愿选择食物，不想吃的时候就不吃，想吃的时候就吃，因此食量时多时少。从发育特征上看，这一时期的宝宝愿意活动身体，对周围的事物感到好奇，如果各方面行动正常，就不用过于担心。注意，不能只用一天的食量来判断吃多了还是吃少了，应该随时记录宝宝的身高体重，形成生长曲线。

完美营养辅食

💟 每天必备营养素

营养素	每日所需
碳水化合物	稀饭 90 ~ 100 克
蛋白质	鸡蛋黄 1 个 配方奶粉 100 克 鱼或肉 15 克
维生素、矿物质	蔬菜、水果各 30 克
油脂	3 克

💟 碳水化合物、蛋白质、维生素合理搭配

在这个阶段，宝宝辅食的进食量增加，妈妈们要给宝宝制订营养全面而均衡的食谱。粥、面条、馄饨是富含碳水化合物的食物，新鲜的蔬菜和水果是富含维生素的食物，鸡肉、鸡蛋、鱼肉等是富含蛋白质的食物，妈妈们要注意将富含这三种营养素的食物搭配在一起给宝宝做辅食。

辅食添加要点

开始时间	出生后第 9 个月开始
宝宝的饮食习惯	开始有自己喜欢吃的食物；喜欢自己抓东西吃
优选食物	谷物：玉米、面条 蔬菜：菠菜、南瓜、胡萝卜、白萝卜、蘑菇、豆芽、番茄、甜椒 水果：苹果、梨、橙子、香瓜 肉类：瘦牛肉、鸡胸肉 海鲜：鳕鱼肉、虾肉、蟹肉、蛤蜊肉、青鱼 其他：鸡蛋、豆腐、海带末、核桃仁、红薯、红豆
制作要点	食谱中最好能包括一些可以让宝宝自己拿着吃的食物，比如可以将蒸软的胡萝卜或香蕉切成条，让宝宝用手拿着吃，这样能训练宝宝将食物咬成适合自己吞咽的大小
喂食次数和喂食量	每天可喂三次营养餐，上午喂一次，下午喂两次，每次喂 90~100 克半固体食物，喂蔬菜、水果各 30 克

食物硬度

9 个月大

将食物切成边长约 5 毫米的块，食物要有香蕉那样的软硬度。

10 个月大

将食物切成边长约 7 毫米的块，食物要有轻轻用力就能用勺背碾碎的软硬度。

9～10个月宝宝一日进餐时间表

时间	食物
6：00	母乳或配方奶粉
10：00	辅食 + 母乳或配方奶粉
14：00	辅食 + 母乳或配方奶粉
18：00	辅食 + 母乳或配方奶粉
22：00	母乳或配方奶粉

记住那时那刻

营养餐疑惑解答

 宝宝不爱吃蔬菜怎么办？

不爱吃蔬菜的宝宝，要适当多吃些水果。这个时期的宝宝已经能吃整个水果了，没有必要再将其榨成果汁、果泥。将水果皮削掉，用勺刮或切成小片、小块，直接吃就可以。有的水果直接拿大块吃就行，如去籽西瓜、去核和筋的橘子等。

 怎样给出现发热症状的宝宝安排饮食？

要给予易消化的流质或半流质饮食，如米汤、稀粥、藕粉、烂面条等，同时也可以多给宝宝补充水分。为了弥补宝宝发热期间的营养损失，应每日加餐1~2次。需要提醒的是，这样的加餐一直要到发热症状消失后1~2周再停止。

 可以控制宝宝吃辅食的速度吗？

宝宝吃辅食的速度并不是由妈妈来决定的。如果宝宝已经很饿或者营养餐很好吃，自然就会吃得比较快或比较急。但是，如果妈妈准备的营养餐口感不好、不容易吞咽或者宝宝并不是很饿，可能就会吃得比较慢。如果妈妈不希望宝宝吃得太急，可以比平常喂食的时间再提前30分钟将辅食喂给宝宝吃。

 怎样能知道宝宝是否消化了营养餐？

宝宝吃了新添加的营养餐后，大便会出现些改变，如颜色变深、呈暗褐色或见到未消化的残菜等，这不见得就是消化不良，因此不需要马上停止添加营养餐。只要大便不稀，里面也没有黏液，一般就不会有大问题。如果在添加营养餐后宝宝出现腹泻或是大便里有较多的黏液，就要赶快暂停下来，待胃肠功能恢复正常后再从少量开始重新添加，并且要避开在宝宝生病或天气太热的时候添加。

三角面片

材料 小馄饨皮4个，青菜2棵，高汤100毫升。

做法

1. 小馄饨皮用刀拦腰切成两半后，再切一刀成小三角面片。
2. 青菜洗净，切碎末。
3. 锅中放高汤煮开，放入三角面片，煮开后放入青菜末，再煮至沸腾即可。

营养师支招

这道三角面片口味清淡、口感软嫩，有助于宝宝消化，同时还具有利小便、除肺燥的功效。

利小便
除肺燥

健脾胃
强筋骨

鸡丝粥

材料 熟鸡胸肉30克，稀饭半碗，玉米粒40克，红甜椒30克。

做法

1. 将熟鸡胸肉剥成小细丝。玉米粒洗净，煮熟。红甜椒洗净，去蒂及籽，切小块。
2. 将玉米粒、红甜椒块、鸡丝放入稀饭中熬煮成粥即可。

营养师支招

鸡丝粥中含有蛋白质、磷脂、玉米黄素、维生素C等，能帮助宝宝健脾胃、强筋骨、护眼明目。

南瓜拌饭

材料 南瓜20克，大米50克，白菜叶1片，高汤少许。

做法

1. 南瓜洗净，去皮，切成碎粒。白菜叶洗净，切碎。大米淘洗干净，浸泡半小时。

2. 将大米放入电饭煲中，煮至沸腾时，加入南瓜粒、白菜叶、高汤，煮到稠烂即可。

营养师支招

南瓜中含有较多的胡萝卜素，对宝宝的眼睛发育很有好处。此外，南瓜性温，宝宝常食对脾胃也非常有利。

护眼
健脾胃

豆腐羹

材料 豆腐1块，白粥1碗，青菜几棵。

调料 香油少许。

做法

1. 将白粥放到小奶锅中，加热至稍沸，转为小火。
2. 用勺子将豆腐捣碎，加入粥中。
3. 将青菜洗净，剁碎，煮沸后关火，滴上少许香油调味即可。

营养师支招

豆腐羹富含钙，宝宝多食能促进牙齿和骨骼的生长和发育。

促进骨骼生长

促进大脑发育

鱼肉香糊

材料 鳕鱼肉50克。

调料 水淀粉、鱼汤各适量。

做法

1. 将鳕鱼肉洗净，切条，煮熟，去骨、刺和鱼皮，剁成肉泥。
2. 把鱼汤煮开，下入鱼肉泥，用水淀粉略勾芡即可。

营养师支招

鱼肉香糊中含有丰富的蛋白质和不饱和脂肪酸，能促进宝宝的大脑发育。

芹菜二米粥

材料 芹菜、大米各 15 克，小米 10 克。

做法

1. 大米、小米分别淘洗干净，大米用水浸泡 30 分钟。芹菜取茎部，洗净后切碎。
2. 大米和小米一同入锅，加水煮开，倒入芹菜碎，继续煮至粥熟即可。

营养师支招

芹菜二米粥含有丰富的维生素 B 族，可以促进消化，增进食欲，让宝宝养成爱吃饭的好习惯。

促进食欲

健脾胃
助消化

苋菜面

材料 细面条 200 克，苋菜 150 克，玉米粒 20 克。

做法

1. 苋菜择洗干净，切小段。玉米粒洗净后煮熟，用料理机打成玉米泥备用。
2. 将细面条、苋菜段入沸水锅中煮至熟烂后盛出，倒入玉米泥搅拌均匀即可。

营养师支招

苋菜中铁、钙的含量比较丰富，为鲜蔬菜中的佼佼者，有助于促进宝宝成长。

二米山药粥

材料 山药 30 克，小米 10 克，大米 15 克。

做法

1. 大米和小米分别洗净，大米浸 30 分钟。山药洗净，削皮，切成小块。
2. 锅置火上，倒入适量清水烧开，下入小米煮沸，再放入大米，大火烧开后煮至米粒七八成熟，放入山药块煮至粥熟即可。

营养师支招

此粥容易被宝宝消化和吸收，健脾养胃之功明显。

健脾养胃

保护眼睛
助力发育

玉米胡萝卜粥

材料 大米 25 克，胡萝卜 30 克，鲜玉米粒 15 克。

做法

1. 大米洗净，浸泡 30 分钟。鲜玉米粒用开水烫一下，捣碎。胡萝卜洗净，去皮，切丁。
2. 将大米、胡萝卜丁和鲜玉米碎放入锅中，大火煮开，转小火煮熟即可。

营养师支招

玉米和胡萝卜中都富含胡萝卜素，胡萝卜素在体内转化为维生素 A，能明目、促进生长发育，还能提升抗病能力。

栗子蔬菜粥

材料 大米 25 克，带壳栗子 2 个，油菜叶、鲜玉米粒各 15 克。

做法

1. 大米洗净，浸泡 30 分钟。
2. 栗子去壳，捣碎。油菜叶切碎。鲜玉米粒洗净，用开水烫一下后捣碎。
3. 将大米、栗子碎和玉米碎放入锅中，加适量清水，大火煮开，转小火煮至粥熟，放油菜碎后煮开即可。

营养师支招

这道粥含有碳水化合物、膳食纤维、多种维生素，以及钙、磷、钾等矿物质，可促进宝宝吸收和利用多种营养素。

均衡营养

芋头红薯粥

材料 芋头、红薯各 20 克，大米 25 克。

做法

1. 芋头、红薯洗净，去皮，切小块。大米淘洗干净，置于清水中浸泡 30 分钟。
2. 锅内加适量清水置火上，放入芋头块、红薯块和大米，中火煮沸。
3. 煮沸后，改小火熬至粥稠即可。

营养师支招

芋头中含有多种微量元素，能增强人体的免疫功能；红薯能促进胃肠蠕动，有促排便的作用，可预防宝宝便秘。

增强免疫力
预防便秘

❤ 突然夜啼

平时睡觉很乖的宝宝，有时夜里会突然哭闹起来。如果哭得不厉害，一般哄一下就好了。如果宝宝哭了一会儿后不哭了，过一会儿又开始哭，并且哭得比上一次还要厉害，反复几次，大人一定要考虑宝宝是否不舒服，并及时赶往医院。

❤ 宝宝大哭憋气

有些宝宝在生气、害怕、疼痛时会大哭起来，但有时会出现哭声突然中断、呼吸停止、面色青紫的表现，严重的还会出现意识丧失、抽搐，一般持续几秒至1分钟即可恢复，这种现象叫"屏气发作"，一般不需要特殊治疗，随着宝宝不断长大会自然消失。对有大哭憋气表现的宝宝，家长可适当"娇惯"一些，尽量让宝宝少发脾气，缓和他的暴躁情绪，以减少或避免屏气发作。

❤ 把喂到嘴里的饭菜吐出来

以前喂宝宝吃辅食的时候，可能喂什么宝宝就吃什么，现在宝宝的"个性"越来越强了，会对食物做出选择了。如果喂的是宝宝不喜欢的饭菜，或者宝宝已经吃饱了，就会拒绝进食。这时候父母不要强迫宝宝进食。

❤ 地图舌

有的宝宝舌面上会出现一种形状不规则的病变，颜色发红，边缘发白，看上去好像地图，医学上称之为地图舌。这是一种原因尚不清楚的舌黏膜病，多见于6个月以上的体弱宝宝。地图舌一般没有任何自觉症状，多由家长偶然发现。地图舌不影响食欲，对健康也无明显影响，所以一般不需要特殊治疗。

出生后第11~12个月，添加咀嚼型辅食

11~12个月宝宝的身高、体重参考标准

	11 个月宝宝的情况		12 个月宝宝的情况	
	男宝宝	女宝宝	男宝宝	女宝宝
身高正常范围（厘米）	70.3~80.7	68.9~79.1	71.4~81.9	70.1~80.4
体重正常范围（千克）	8.0~12.2	7.5~11.5	8.2~12.4	7.7~11.8

11~12个月宝宝的变化有哪些

❤ 会叫爸妈了

说话早的宝宝这个月已经可以进行简单的语言表达了，能叫出常见物品的名字，如灯、碗等；指出自己的手、眼，还能说简单的双字词，如"再见""没了"等。有的宝宝常说莫名其妙的话，爸爸妈妈也不懂宝宝要说什么。爸爸妈妈听到宝宝在说莫名其妙的词语时，要努力弄懂宝宝的意思，然后教给宝宝正确的发音，鼓励宝宝多说话。但要注意一点，大多数宝宝现在还不会说话，不必为1岁宝宝不能说话而过分担心。

❤ 开始迈步走了

宝宝的活动能力增强了，得到锻炼的机会更多了。有的宝宝已经可以自己蹒跚学步了，有的宝宝走路还不稳当，需要大人扶着。如果宝宝现在还不会走路，家长也不要着急，宝宝在1岁半的时候学会走路也是正常的。

💝 能辨别陌生人和熟人

这个月龄的宝宝不但可以认识亲人，还能分清陌生人和熟人。如果是经常来串门的人，宝宝会认识，并表现得对他很友好。如果是宝宝没有见过的人或者好久没有见过的人，宝宝就会睁大眼睛看着他，不说话，也不让他抱。

辅食喂养指导

💝 满足 11 个月宝宝的营养需求

第 11 个月的宝宝处于婴儿期最后阶段，生长发育较为迅速，需要补充更多碳水化合物、蛋白质和脂肪。

💝 满足 12 个月宝宝的营养需求

第 12 个月的宝宝饮食结构有较大的变化，这时补充的营养应该更全面和充分，每天的膳食应含有碳水化合物、蛋白质、脂肪、维生素、矿物质和水等营养素。要注意营养均衡，避免食物种类单一。

💝 固体辅食大约可占宝宝营养来源的 50%

宝宝到 1 岁左右时，基本能熟练地咀嚼食物，能用门牙切断较长的软质食物，这时应让固体食物占其营养来源的 50%，这样对宝宝的咀嚼能力有一定锻炼作用。咀嚼能使牙龈结实，促进牙齿萌出，还能缓解出牙的不适感。

💝 每天喂 3 次辅食

根据这个时期的营养需要，每天应保证给宝宝喂 3 次辅食。到 12 个月大时，宝宝已经逐渐习惯了大人饭菜中的大部分食物。经过指导和训练，宝宝已经准备好与其他的家庭成员一起进餐了。

🐛 偏食的宝宝应注意补充营养

虽然我们提倡不偏食，但实际上偏食的情况很常见。为了保证偏食宝宝的营养需求，在纠正偏食习惯的同时要注意补充相应的营养。不爱喝奶的宝宝，要多吃肉蛋类，以补充蛋白质；不爱吃蔬菜的宝宝，要多吃水果，以补充维生素；不爱吃主食的宝宝，可适当多喝些配方奶，以提供更多热量；便秘的宝宝，要多吃富含膳食纤维的食物。

🐛 培养宝宝进入一日三餐模式

如果宝宝已经适应了按时吃饭，那么一日三餐时间最好与家人大致相同。从这时起，就要向把辅食当作主食过渡，以便宝宝得到更多的营养，并且每次宝宝吃的辅食量也要逐渐增多，每次要吃更多种类的食物。

🐛 让宝宝多喝白开水

很多老人（爷爷奶奶、姥爷姥姥）认为菜水比白水好，在给宝宝做辅食时会将食物水煮，再把菜水喂宝宝吃下去，认为这样更有营养。这是一种错误的观点，应该让宝宝多喝白开水，因为喝白开水有助于代谢废物的排泄，能减轻宝宝的肾脏负担。11~12个月大的宝宝，建议每日喝水1100~1300毫升（白开水、母乳、配方奶等每日摄取的所有含水食物的总水量）。

🐛 不要接触成人食物

如果很快就按照成人的标准喂养，会增加宝宝肠道的负担，因为成人的消化道内有很多消化酶，比如胰淀粉酶、脂肪酶等，而婴儿体内的这些酶往往还分泌不足或者活性不高，一些适合成人吃的食物，婴儿吃后不一定能消化，甚至可能引发消化不良，出现呕吐、腹泻、腹胀等。

另外，成人的食物中往往有色素、香精等添加剂，这也可能会给宝宝造成不良影响。一些高糖高脂的零食还可能导致宝宝出现肥胖等问题。有的宝宝看上去白白胖胖，但检查后却发现缺乏各种微量元素，这可能是辅食添加不当造成的。

完美营养辅食

🍤 每天必备营养素

营养素	每日所需
碳水化合物	稀饭或软饭 90~100 克
蛋白质	全蛋 1 个 配方奶粉 100~120 克 鱼或肉 18~20 克
维生素、矿物质	蔬菜、水果各 40~50 克
油脂	4 克

🍤 一日三餐营养辅食应成为主食

宝宝如果已经适应了按时吃饭，那么现在是正式进入一日三餐按点吃饭的时机了。从这个阶段起，要把营养辅食作为主食，每次的量也要逐渐增多，并且一次吃两种以上的食物，每 2~4 天就要让宝宝全面地吃到各种食物。

辅食添加要点

开始时间	出生后第 11 个月开始
宝宝的饮食习惯	与爸爸妈妈同桌吃饭。有的宝宝已经会使用勺子了
优选食物	谷物：玉米、面条、米饭 蔬菜：菠菜、南瓜、胡萝卜、白萝卜、蘑菇、圆白菜、洋葱、番茄、韭菜 水果：苹果、梨、橙子、菠萝、草莓、猕猴桃 肉类：瘦牛肉、鸡胸肉 海鲜：鳕鱼肉、虾肉、蟹肉、蛤蜊肉、青鱼、小银鱼 其他：鸡蛋、豆腐、海带末、核桃仁、花生、栗子
制作要点	米粥的软硬度要掌握在能够看清米粒形状的程度。食物的体积不宜过大，不然宝宝不能正常咀嚼，要做成适合宝宝小嘴的大小，培养宝宝细嚼慢咽的进食好习惯
喂食次数和喂食量	每天可喂三次营养餐，每餐可喂 90~100 克稀饭或软饭，蔬菜、水果各 40~50 克

食物硬度

11 个月大

将食物切成边长约 9 毫米的方块，食物硬度以宝宝能用牙龈嚼碎为宜。

12 个月大

将食物切成边长约 1 厘米的方块，食物要有肉丸子那样的软硬度。

11～12个月宝宝一日进餐时间表

时间	食物
6：00	母乳或配方奶粉
10：00	营养食品
12：00	营养食品
14：00	母乳或配方奶粉
18：00	营养食品
22：00	母乳或配方奶粉

记住那时那刻

宝宝吃辅食时呛到应该怎么做？

当宝宝吃辅食呛到时，应暂停喂食，帮宝宝拍拍背，让宝宝休息一会儿。如果宝宝休息后没有不舒服的情况，可以再继续喂食。如果宝宝是因为太饿吃得很急而呛到，妈妈要注意日后应该避免在宝宝很饿时喂食，可以将宝宝用餐的时间提前30分钟。

 为什么宝宝不宜喝茶水？

茶水中的茶碱可使宝宝兴奋、心跳加快、尿多、睡眠不安等，另外茶会影响对瘦肉、蔬菜中铁的吸收，饮茶后铁元素的吸收率下降20%～30%，这样可能会引起缺铁性贫血。婴儿正处于发育阶段，需要的铁要比成人多几倍，所以婴儿饮茶要比成人更容易造成缺铁性贫血。为了宝宝的健康成长，不宜给宝宝喝茶水。

 如何给宝宝选择肉类食物？

一般来说，鱼肉和鸡肉的肉质细嫩一些，利于小乳牙还未完全长齐的宝宝咀嚼，而且利于宝宝消化和吸收。鱼肉、鸡肉虽好，但也不可一味偏食，应同时为宝宝适当添加一些别的肉类，以免宝宝以后不吃其他肉类。在刚开始为宝宝添加肉类营养餐时可多给宝宝吃一些鱼肉或鸡肉，随着宝宝的消化功能逐渐增强，可一点点添加些猪肉或牛肉。

 怎样给宝宝喂面条？

宝宝吃的面条应是烂而短的，面条可和鸡汤或肉汤一起煮，以增加面条的鲜味，从而增进宝宝的食欲。最初应少量喂食，观察一天看宝宝有没有消化不良或其他情况。如情况良好，可增加喂食量，但也不能一下子喂得太多，以免引起宝宝胃肠功能失调，出现腹胀，导致厌食。

鲜汤小饺子

材料 小饺子皮 6 个，肉末 30 克，白菜 50 克，鸡汤少许。

做法

1. 白菜洗净，切碎，与肉末混合搅拌成饺子馅。
2. 取饺子皮托在手心，把饺子馅放在中间，捏紧即可。
3. 锅内加适量水和鸡汤，大火煮开，放入饺子，盖上锅盖煮，煮开后揭盖，加入少许凉水，敞着锅继续煮，煮开后再加凉水，如此反复加 4 次凉水后煮开即可。

促进宝宝成长

增强宝宝食欲

冬瓜球肉丸

材料 冬瓜 50 克，肉末 20 克，香菇 1 个。

调料 姜末、生抽、香油各少许。

做法

1. 冬瓜去皮，去内瓤，冬瓜肉剜成冬瓜球。
2. 将香菇洗净，切成碎末。将香菇末、肉末、姜末混合并搅拌成肉馅，然后揉成小肉丸。
3. 将冬瓜球和肉丸码在盘子中，上锅蒸熟，淋入生抽、香油调味即可。

营养师支招

冬瓜能清热利尿，适合宝宝在夏季食用；肉丸和香菇能增强宝宝的食欲。

玲珑牛奶馒头

【材料】面粉40克，发粉少许，牛奶20克。

【做法】

1. 将面粉、发粉、牛奶和在一起，放入冰箱冷藏室，15分钟后取出。

2. 将面团切成3份，揉成3个小馒头，上锅蒸15~20分钟即可。

营养师支招

用牛奶代替水来和面，其中的蛋白质会增强面团的劲力，做出来的馒头很有弹性，补钙的效果也更佳。

补钙效果佳

胡萝卜鸡蛋碎

材料 胡萝卜1根，鸡蛋1个。

做法

1. 胡萝卜洗净，上锅蒸熟，切碎。
2. 鸡蛋带壳煮熟，过一下凉水，去壳，切碎。
3. 将胡萝卜和鸡蛋碎混合搅拌均匀即可。

营养师支招

胡萝卜鸡蛋碎中含有胡萝卜素、优质蛋白质、锌、卵磷脂等，能促进宝宝的视力发育、健脑益智、增强体质。

保护眼睛
健脑益智

预防
口腔溃疡

奶油菠菜

材料 菠菜叶100克，奶油20克。

调料 黄油少许。

做法

1. 菠菜叶洗净，用沸水焯烫后切碎。
2. 锅置火上，放适量黄油，烧热后下奶油搅至化开，下菠菜碎煮2分钟至熟即可。

营养师支招

菠菜含有维生素 B_2、膳食纤维、叶酸等，能预防口腔溃疡、调理便秘。

豆腐菠菜软饭

材料 大米 20 克，豆腐 30 克，菠菜 25 克。

调料 排骨汤适量。

做法

1. 大米洗净，浸泡 30 分钟，放入碗中，加适量水，放入蒸屉蒸成软饭。

2. 豆腐洗净，放入开水中焯烫一下，捞出控水后切成碎末。菠菜洗净，焯熟，捞出切碎。

3. 将软饭放入锅中，加适量排骨汤一起煮烂，放入豆腐碎末，再煮 3 分钟左右，起锅前放入菠菜碎搅匀即可。

补钙壮骨

护眼
养脾胃

平菇蔬菜粥

材料 大米 30 克，平菇 1 大片，芹菜、胡萝卜、玉米粒各适量。

做法

1. 平菇洗净，撕成小片。大米浸泡 30 分钟，淘洗干净。

2. 取适量芹菜、胡萝卜洗净，切丁。胡萝卜洗净，去皮，切丁。玉米粒洗净。

3. 锅中加适量水，将大米、平菇片、芹菜丁、胡萝卜丁、玉米粒一起放入锅中熬煮成粥即可。

营养师支招

平菇含的多糖有助于宝宝增强体质。

海带黄瓜饭

材料 大米 20 克，海带 5 克，黄瓜 25 克。

做法

1. 海带用水浸泡 10 分钟后捞出，切成小片。
2. 黄瓜洗净，去皮后切成小丁。
3. 大米洗净，浸泡 30 分钟，将 1000 毫升水倒入锅里，煮沸，然后放入海带片和黄瓜丁，用小火煮成软饭即可。

营养师支招

海带黄瓜饭中富含碘、膳食纤维、钙、维生素 C 等，能壮骨增高、增强体质、助力成长。

助力成长

营养全面

油菜面

材料 挂面、油菜各 20 克。

调料 葱花 5 克。

做法

1. 锅内倒入清水烧开，放入挂面煮熟，捞出过凉水，沥干水分，盛入碗中。油菜洗净，放入煮面条的水中焯熟，捞出，切小段。
2. 将油菜段放入盛面条的碗里，撒上葱花拌匀即可。

营养师支招

油菜面含有维生素 C、叶酸、膳食纤维、碳水化合物等，营养全面均衡，为宝宝的成长提供动力。

肉末胡萝卜黄瓜丁

材料 猪瘦肉、胡萝卜、黄瓜各 25 克。

调料 葱末、姜末各 3 克。

做法

1. 猪瘦肉洗净，切末，放葱末、姜末拌匀。胡萝卜、黄瓜洗净，切丁。
2. 锅内倒油烧热，放入猪瘦肉末煸炒，放入胡萝卜丁炒 1 分钟，再放入黄瓜丁稍炒即可。

营养师支招

猪肉纤维较细，含有优质蛋白质和脂肪酸，能提供血红素铁和促进铁吸收的半胱氨酸，有助于预防缺铁性贫血。

预防贫血

促进骨骼发育

什锦烩饭

材料 牛肉 20 克，牛肉汤适量，胡萝卜、土豆、洋葱各 15 克，大米 30 克，熟鸡蛋黄 1 个。

做法

1. 将大米淘洗干净。牛肉冲洗干净，切碎。胡萝卜、土豆洗干净，去皮，切碎。洋葱去外皮，洗净，切碎。熟蛋黄捣碎。
2. 将大米、牛肉碎、胡萝卜碎、土豆碎、洋葱碎、牛肉汤放入电饭锅中蒸熟后，加蛋黄碎搅拌即可。

营养师支招

什锦烩饭中含有钙、铁、镁、磷等，有助于促进宝宝骨骼发育。

💛 爱抓生殖器

有些男宝宝会有抓生殖器的现象，一种可能是存在包茎、会阴湿疹等情况，因为瘙痒而抓生殖器，另外一种可能是大人的原因导致的，周围的大人经常拿生殖器开玩笑，甚至揪宝宝的生殖器，他就会觉得大家喜欢他的生殖器，并模仿大人，自己去抓。

如果发现宝宝喜欢抓生殖器，首先要检查是不是出现了包茎或有会阴湿疹，如果是这种情况，要及时治疗。不要给宝宝穿得太多太热，要穿较宽松的内衣，并保持生殖器的清洁卫生。

如果是大人的原因导致的，大人要先改掉自己的毛病，然后再纠正宝宝的不良习惯。不能惩罚、责骂或讥笑宝宝。尽量把宝宝的注意力转移到其他方面上去，分散他的注意力。只要耐心诱导并适当地进行教育，大部分宝宝会随着年龄的增长改掉这个毛病。

💛 喜欢踮着脚走路

宝宝出生后下肢伸肌张力高于屈肌，所以宝宝在站立初期会脚尖着地，但一般不建议让宝宝长时间这样站立，以免肌肉和骨骼发育出现问题，也不利于正常走路。另外，

不要托着宝宝走路，以免让宝宝养成踮着脚走路的习惯，影响下肢肌肉的发育。如果超过1岁的宝宝仍然存在踮着脚走路的现象，应该带宝宝到医院进行检查。

💛 非疾病性厌食

对于宝宝来说，由疾病引起的厌食并不多见，不良饮食习惯和喂养方式导致的非疾病性厌食是最常见的情况，但有些宝宝长期厌食，检查没有病理改变，家长就要从自身找原因了。

对于非疾病性厌食，首先要改变烹饪方式，变着花样做辅食，让宝宝换换口味，这样有利于保持旺盛的食欲，也有利于肠胃的消化吸收。

其次，要让宝宝养成良好的进食习惯，到了吃饭的时间和环境能意识到要吃饭了，并愿意配合做吃饭准备。

对确有厌食表现的宝宝，父母要给予宝宝关心与爱护，鼓励宝宝进食，切莫在宝宝面前显露出焦虑不安、忧心忡忡，更不要唠唠叨叨强迫宝宝进食。

专题 宝宝外带辅食全攻略

在宝宝满 4 个月左右时就可以开始添加辅食了。在家中吃当然不成问题，但一旦外出，餐厅食物通常不适合 1 岁以下的宝宝食用，所以外出时，爸爸妈妈要为宝宝准备一些简单的辅食。

到邻近的地方

❤ 外出购物或就餐

爸爸妈妈可以带上直接可食的瓶装婴儿食品，比如瓶装的果泥、菜泥、肉泥等，这样就能轻松度过外出时间。随着宝宝月龄逐渐增大，带宝宝去餐厅的爸妈可从自己的饭菜中挑出豆腐、面条、米饭和口味较清淡的蔬菜，捣碎成方便食用的大小再让宝宝吃。另外，随身带着婴儿饼干或香蕉等一些可立即给宝宝吃的食品，外出时会更安心。

❤ 到附近的亲友家

如果路程在 1 小时之内，可将自制的辅食装在饭盒或保温罐里，另一个方法是带着事先准备好的食物，到亲友家再加热或简单地烹调一下。如果是在食物易腐坏的炎热夏天，最好借用亲友家的厨房来现场制作辅食，或是使用市售的婴儿食品，这样比较安全卫生。

❤ 到有孩子的朋友家

爸爸妈妈可以将自制的辅食装到饭盒里，不用保温餐盒也可以，因为到朋友家后可以借用厨房将饭盒里的辅食加热一下。另外，爸爸妈妈还可以带些直接可以食用的瓶装婴儿食品，这样不但能在会友的同时省去烹调时间，还能让宝宝吃的食物种类多一些，从而使营养更均衡。可以再带些香蕉等能立即吃的水果，在宝宝哭闹时能派上用场，也方便分给朋友的孩子吃。

❤ 到没有孩子的朋友家

家中没有孩子的朋友育儿经验不足，如果又要照顾宝宝，又要现给宝宝做辅食会让人手忙脚乱。爸爸妈妈可以把自己在家做好的辅食装进保温餐盒中，宝宝饿了的时候可以直接就喂。另外，家长可以带上些婴儿饼干，在宝宝哭闹时能派上用场。

出远门

❤ 当天来回的旅游

爸爸妈妈可自制些粥或菜泥、果泥等营养食品放在保鲜盒或保温罐中带着，也可以带些市售的小袋装婴儿米粉，每包25~30克，刚好够宝宝吃一顿，许多超市或火车站候车处都提供热水，用热水一冲就能给宝宝喂食了。

❤ 国内旅游

旅馆和酒店很少会准备婴儿食品，爸爸妈妈可以从大人的饭菜中挑出面条、豆腐、软嫩的蔬菜等作为宝宝的辅食，不足的部分可以用开盖就能食用的瓶装婴儿食品来补充，一些用开水就能冲泡的婴儿食品也是不错的选择。如果住在农家院，就可以借助农家菜园里的新鲜食材给宝宝现做辅食吃啦。

❤ 国外旅游

虽然很多航空公司会为婴儿准备不同品牌的食品，但为了防止宝宝的胃肠不适应，最好能准备一些宝宝常吃的国产市售营养食品，这样旅途中会比较放心。对于稍大一些的宝宝，如果是从大人的饭菜中分一些给宝宝吃，一定要选口味清淡的食物，并用勺背碾得细碎些再喂给宝宝食用。

宝宝外出常用辅食盛具

辅食盛具	可盛装的辅食
奶瓶或水杯	果汁、菜汁
奶粉分装盒	米粉、麦粉、菜泥、果泥、肉泥、肉松
食物保鲜袋	米粉、麦粉、水果、鸡蛋、磨牙饼
食物保鲜膜	水果、鸡蛋
保温瓶	粥
小奶粉罐	米粉、麦粉、磨牙饼

外带辅食的注意事项

1. 不要给宝宝吃从来没有吃过的食物，如果宝宝出现食物过敏，出门在外会比较麻烦。

2. 不要给宝宝吃膨化食品及容易引起腹胀的食物，这些食物容易让宝宝口干或出现其他不适。

3. 不要给宝宝吃容易发生危险的食品，比如果冻、小颗的坚果等，否则容易呛到气管。如果发生意外，会很危险。

4. 不要因为怕宝宝不能像在家一样吃饭而给宝宝吃太多，更不要吃得太杂乱，这样容易引起消化不良或拉肚子。

5. 如果外出时间较长，在喂宝宝吃辅食前爸爸妈妈要先试一下食物是否还新鲜，不新鲜的食物一定不要给宝宝吃。

第三章

留住更多天然营养

常见营养食材轻松做

洋葱 防感冒，它很在行

洋葱能刺激胃肠蠕动及消化腺分泌，从而增进宝宝的食欲，促进消化。洋葱所含的微量元素硒，能消除体内的自由基，增强宝宝体质，还能提高骨密度，维护骨骼健康。洋葱还含有大蒜素，因而有很强的杀菌能力。生吃洋葱还可以预防感冒。

营养功效

洋葱可增进食欲、促进消化、增强细胞代谢、杀菌防感冒。

优势营养素含量

营养成分	每100克可食部分含量
蛋白质	1.1克
脂肪	0.2克
碳水化合物	9.0克
膳食纤维	0.9克
胡萝卜素	2.0微克
叶酸	15.6微克

注：原始数据均来源于《中国食物成分表：标准版》（第6版），后同，不再一一标注。

多大的宝宝可以吃

10个月大的宝宝可以吃带甜味的洋葱碎。

这样挑选最新鲜

优质洋葱表皮光滑，球体完整，无裂口、霉烂，拿起来沉甸甸的。

这样烹调最营养

烹调洋葱时，油温不宜过高，宜用慢火加热，这样除了能保护其所含的营养物质以外，还可以使它有漂亮的外观，从而增进食欲。

经典搭配

- 洋葱+苦瓜 ✔ 提高宝宝的免疫力
- 洋葱+猪肝 ✔ 补虚，明目，益血
- 洋葱+木耳 ✔ 促进排毒

食用须知

1 很适合抵抗力低下的宝宝经常食用。

2 患有皮肤瘙痒病和眼部疾病的宝宝不宜食用。

宝宝营养餐

青菜洋葱粥

材料 大米 50 克，土豆 1/2 个，洋葱 1/4 个，小白菜 20 克。

做法

1. 大米淘洗干净，用清水浸泡 3~4 小时，把泡好的米稍稍研碎。土豆和洋葱去皮后捣碎。小白菜择洗干净，取菜叶部分捣碎。

2. 汤锅置火上，把米放入锅里大火煮开，然后放入土豆、洋葱、小白菜，调为小火，煮至粥熟烂即可。

营养师支招

土豆能健脾养胃；洋葱可杀菌、开胃；小白菜富含膳食纤维，可预防便秘。

健脾胃
防便秘

土豆   能抗病毒的家常食材

土豆的热量较低，所含的优质碳水化合物易消化、利肠胃，能满足人体全部营养需求的90%以上，所含的蛋白酶有很好的抗病毒作用。土豆还含有维生素C，可以帮助改善宝宝的情绪和精神状态；所含的膳食纤维有利于排便。中医学认为，土豆能和胃健中、解毒消肿。

营养功效

土豆可利肠胃、改善情绪、助排泄、解毒消肿。

优势营养素含量

营养成分	每100克可食部分含量
蛋白质	2.6克
碳水化合物	17.8克
膳食纤维	1.1克
维生素C	14毫克
钾	347毫克
钙	7.0毫克

多大的宝宝可以吃

6个月以上的宝宝就可以吃煮熟的土豆泥了，再大一些可以吃煮熟的土豆碎，10个月大时就可以吃边长5毫米左右的土豆丁了。

这样挑选最新鲜

新鲜土豆表皮光滑且不厚，质地坚硬，不发芽、不发绿，无损伤、病虫害及冻伤。

这样烹调最营养

土豆宜蒸熟后去皮捣成泥给宝宝喂食，这样能保留土豆中绝大部分的营养元素。

经典搭配

- 土豆+牛肉 ✅ 健脾胃，暖胃
- 土豆+茄子 ✅ 增强血管弹性
- 土豆+青椒 ✅ 缓解疲劳，增强体力
- 土豆+南瓜 ✅ 益智，补气，补血

食用须知

1 消化不良、习惯性便秘及精神低落的宝宝宜多食。

2 大多数宝宝都可以吃土豆，但对土豆过敏的宝宝不要吃。

宝宝营养餐

土豆小米粥

材料 土豆 50 克，小米 30 克，大米 15 克。

调料 香油少许，葱末、香菜末各 2 克。

做法

1. 将土豆去皮，洗净，切小丁。
2. 将小米和大米分别洗净，大米用水浸泡 30 分钟。
3. 锅中放入土豆丁、小米、大米和适量清水，大火烧开后，转小火煮至米粒熟烂，撒上葱末、香菜末，淋上香油即可。

利尿
助排便

健脾胃
保护视力

茄汁土豆泥

材料 土豆 200 克，番茄 120 克，洋葱半个。

调料 植物油适量。

做法

1. 土豆洗净，煮熟，晾凉后去皮，压成泥。洋葱洗净，切末。番茄去皮切碎。
2. 锅内倒植物油烧热，加番茄碎炒成汁，加洋葱末炒香，倒入土豆泥，炒匀即可。

营养师支招

番茄能够增强宝宝抵抗力，滋润宝宝的皮肤，对视力也有很好的保护作用；土豆能健脾胃，活血通便。

菠菜 让宝宝更聪明

胡萝卜素、铁、维生素 B₆、叶酸等在菠菜中的含量很丰富，这些物质对宝宝很有益，比如胡萝卜素在体内可转化为维生素 A 以维持眼睛和皮肤的健康，铁能辅助预防宝宝贫血，叶酸能够促进大脑发育及增进宝宝食欲，等等。

营养功效

菠菜可保护视力、预防贫血、促进脑部发育、增进食欲。

优势营养素含量

营养成分	每100克可食部分含量
蛋白质	2.6 克
胡萝卜素	2920 微克
维生素 B₂	0.1 毫克
钾	311 毫克
钙	66 毫克
镁	58 毫克

多大的宝宝可以吃

宝宝从出生后 6 个月开始可以喝菠菜叶汁，7 个月可以吃菜叶碎，10 个月可以吃很小的菠菜叶片。

这样挑选最新鲜

新鲜菠菜叶富有光泽，叶片尖舒展充分且分量足，颜色深绿，根部红色越深越好。

这样烹调最营养

菠菜在食用前应在热水中焯一下，这样能够降低菠菜中草酸的含量，促进钙的吸收。

经典搭配

- 菠菜+胡萝卜 ✔ 促进胡萝卜素的转化
- 菠菜+鸡蛋 ✔ 预防宝宝贫血
- 菠菜+花生 ✔ 促进维生素吸收
- 菠菜+银耳 ✔ 补气利水

食用须知

1 尤其适合食欲不良的宝宝食用。

2 由于植物性食物中的铁不易吸收，所以不能单纯通过吃菠菜来给宝宝补铁。

宝宝营养餐

蔬菜面

材料 胡萝卜面条 20 克，菠菜 30 克。

做法

1. 将胡萝卜面条煮熟，剁碎。
2. 菠菜洗净，放入沸水中焯熟，剁成泥。
3. 将菠菜泥倒入面条中拌匀即可。

营养师支招

菠菜中含有丰富的铁元素，可以辅助预防宝宝出现贫血症状；胡萝卜中含有的胡萝卜素、维生素 C 等营养物质能提高宝宝免疫力。

预防贫血

蛋黄菠菜泥

材料 菠菜 20 克，蛋黄半个。

做法

1. 菠菜洗净，用沸水焯一下，捞出切末。
2. 用蛋清分离器把蛋黄分离出来，打散备用。
3. 锅中加少许水烧开，放入菠菜煮至熟软。
4. 加入一半蛋黄液，边煮边搅拌，煮沸即可。

营养师支招

菠菜富含叶酸，能促进宝宝脑神经的发育，同时可以预防宝宝贫血；蛋黄有健脑益智的功效，很适合宝宝吃。

健脑益智
预防贫血

增强宝宝
免疫力

胡萝卜菠菜汁

材料 胡萝卜 150 克，菠菜 100 克。

做法

1. 胡萝卜洗净，切小块。菠菜洗净，焯水后过凉水，切小段。
2. 将上述食材和适量饮用水一起放入果汁机中搅打，打好后即可饮用。

营养师支招

胡萝卜含有非常丰富的胡萝卜素，菠菜含有丰富的胡萝卜素及叶酸，这些营养素可提高免疫细胞功能，增强宝宝免疫力，同时还能预防宝宝过敏。

南瓜 保护宝宝视力的卫士

营养全面是南瓜的一大特点，尤其是胡萝卜素的含量非常高，可以保护宝宝的视力。另外，南瓜中膳食纤维、维生素 B_1、维生素 B_2、维生素 B_6、维生素 C、铁、磷等营养物质的含量同样可观，因而常吃南瓜能够提高宝宝的免疫力，抵御疾病，预防便秘，增强食欲。

营养功效

南瓜可提高视力、增强免疫力、预防便秘、增进食欲。

优势营养素含量

营养成分	每100克可食部分含量
蛋白质	0.7 克
膳食纤维	0.8 克
胡萝卜素	890 毫克
维生素 B_6	0.1 毫克
维生素 E	0.4 毫克
钙	16 毫克

多大的宝宝可以吃

满 4 个月的宝宝可以吃南瓜泥或者淡淡的南瓜粥。

这样挑选最新鲜

新鲜的南瓜瓜体饱满，瓜皮较硬，表面覆有果粉，无破损，颜色深。

这样烹调最营养

将南瓜蒸熟，打成泥糊喂给宝宝吃，这样能够促进宝宝食欲，增强营养吸收。

经典搭配

- 南瓜+莲子 ✅ 补中益气
- 南瓜+猪肉 ✅ 强健宝宝身体
- 南瓜+绿豆 ✅ 清热生津
- 南瓜+红薯 ✅ 促排便，防便秘

食用须知

1 尤其适合脾胃虚弱的宝宝食用。

2 不能大量给宝宝吃南瓜，以免引起宝宝皮肤发黄。

老南瓜胡萝卜粥

材料 大米 30 克，老南瓜、胡萝卜各 10 克。

做法

1. 大米洗净，浸泡 30 分钟。
2. 老南瓜去皮和籽，洗净，切成小丁。胡萝卜去皮，洗净，切成小丁。
3. 将大米、南瓜丁和胡萝卜丁倒入锅中。
4. 大火煮开后改小火煮熟即可。

营养师支招

南瓜和胡萝卜中都含有非常丰富的胡萝卜素及矿物质等，这对保护宝宝视力可以起到加倍的作用。

保护视力

红薯拌南瓜

材料 红薯50克,南瓜25克,配方奶100毫升。

做法

1. 红薯洗净,切丁,沸水煮熟。
2. 南瓜洗净,切丁,煮软,捞出沥水。
3. 将红薯丁、南瓜丁和配方奶搅匀即可。

营养师支招

南瓜可以养胃,红薯能促进食物消化,二者搭配食用,有益于宝宝的肠胃功能。

益胃肠

促进生长发育

酸奶南瓜羹

材料 南瓜 200 克,酸奶 100 克。

做法

1. 南瓜去籽,切块,蒸熟,去皮搅拌成泥。
2. 向南瓜泥中加入酸奶搅拌均匀。
3. 将搅匀的南瓜泥和酸奶倒入锅中,小火烧至沸腾即可。

营养师支招

南瓜中膳食纤维含量较丰富,有助于促进宝宝排便。酸奶营养丰富,能够给宝宝提供优质的蛋白质、维生素、钙等营养物质,有利于宝宝的生长发育。

胡萝卜 提高免疫力的"魔法棒"

胡萝卜中胡萝卜素的含量很高，它能在小肠黏膜和肝脏里酶的作用下转变成维生素A，促进宝宝生长发育、保护眼睛、抵御传染病。胡萝卜中含有的膳食纤维也很丰富，能促进肠道蠕动，帮助排便。

营养功效

胡萝卜可预防传染病、提高免疫力、促进生长发育、保护眼睛、预防便秘。

优势营养素含量

营养成分	每100克可食部分含量
蛋白质	1.0 克
脂肪	0.2 克
膳食纤维	2.4 克
胡萝卜素	4107 微克
维生素 C	9 毫克

多大的宝宝可以吃

宝宝 6 个月大时可以开始吃胡萝卜泥，再大一些的宝宝可以吃蒸透的胡萝卜。

这样挑选最新鲜

要挑选鲜嫩、外形直溜匀称、水分足、体积适中、颜色深一些的胡萝卜。

这样烹调最营养

用油烹饪胡萝卜，有利于宝宝对胡萝卜中所含脂溶性维生素的吸收。

经典搭配

- 胡萝卜+肉 ✅ 促进胡萝卜素吸收
- 胡萝卜+菠菜 ✅ 预防中风
- 胡萝卜+干香菇 ✅ 保护眼睛、延缓衰老
- 胡萝卜+香菜 ✅ 去脂强身、健脾补虚
- 胡萝卜+莴笋 ✅ 强心健脾

食用须知

1 尤其适合容易感冒的宝宝食用。

2 胡萝卜可不削皮，因为胡萝卜素主要的存在场所是胡萝卜皮。

胡萝卜小鱼粥

材料 白粥 30 克，胡萝卜 30 克，小鱼干 1 大匙。

做法

1. 胡萝卜洗净，切末。小鱼干泡水洗净，沥干。
2. 胡萝卜、小鱼干煮软，捞出，捣烂，沥干。
3. 白粥入锅，加小鱼干搅匀，最后加胡萝卜泥煮开即可。

营养师支招

小鱼干含钙量丰富，其钙含量是牛奶的 14 倍，适合作为宝宝的补钙食物；胡萝卜中富含胡萝卜素，可以增强宝宝的免疫力。

补钙、增
强免疫力

胡萝卜羹

材料 胡萝卜半个，肉汤100克。

调料 黄油适量。

做法

1. 胡萝卜蒸熟捣碎，与肉汤一起倒入锅中同煮。
2. 胡萝卜熟烂后放黄油，小火略煮即可。

营养师支招

胡萝卜被称为"小人参"，有健脾和胃、补肝明目、清热解毒等功效。

健脾明目

增强食欲

南瓜胡萝卜汁

材料 南瓜150克，胡萝卜100克。

做法

1. 南瓜洗净，去瓤，切小块，放蒸锅内蒸熟后去皮，晾凉备用。胡萝卜洗净，去皮，切小块。
2. 将南瓜块、胡萝卜块放入果汁机中，加入适量饮用水搅打即可。

营养师支招

此汁富含维生素C、胡萝卜素等营养物质，有健胃消食、明目、润肠通便、增强食欲等多种作用，特别适合宝宝在夏秋季节饮用。

西蓝花　健脾胃，促消化

西蓝花热量低，膳食纤维、维生素、黄酮类化合物等营养物质的含量比较丰富，对宝宝健康有益——黄酮类化合物能预防感染，维生素 C 可增强宝宝免疫力，膳食纤维能促进肠道废物排泄等。中医学认为，西蓝花有健脾胃、助消化的作用。

营养功效

西蓝花可预防感染、提高免疫力、促进废物排泄、健脾胃、助消化。

优势营养素含量

营养成分	每100克可食部分含量
蛋白质	3.5 克
膳食纤维	2.6 克
胡萝卜素	151 微克
维生素 C	56 毫克
钙	50 毫克
磷	61 毫克

多大的宝宝可以吃

5 个月大的宝宝可以吃一些西蓝花的花朵部分，要注意打碎；对于稍大一些的宝宝，可以将花冠煮熟切碎喂食。

这样挑选最新鲜

新鲜的西蓝花花蕾紧密结实，花球齐整，花梗切口湿润，颜色浓绿鲜亮，带有嫩绿叶片，无腐烂和虫伤。

这样烹调最营养

烹饪西蓝花时，用盐水浸泡和烧煮的时间不宜过长，以最大限度地保留其营养成分。

经典搭配

- 西蓝花+金针菇 ✅ 提高免疫力，促进生长发育
- 西蓝花+胡萝卜 ✅ 保护视力
- 西蓝花+牛奶 ✅ 滋润皮肤

食用须知

1 尤其适合免疫力低下的宝宝食用。

2 胃肠功能不好的宝宝不宜多食西蓝花，否则易导致胃肠不适。

蔬菜酸奶羹

材料 西蓝花 20 克，酸奶 120 克。

做法

1. 西蓝花洗净，打碎，盛出。
2. 将西蓝花放入碗中，倒入备好的酸奶，稍加热即可。

营养师支招

西蓝花和酸奶均富含钙、蛋白质，助力骨骼发育，还有健脑益智的作用。

补钙壮骨
益智

蔬菜泥

材料 西蓝花 10 克，胡萝卜、土豆各 20 克。

调料 高汤适量。

做法

1. 西蓝花开水烫后捞出，沥干，花朵部分切碎。
2. 胡萝卜去皮，切丁。土豆切小块。
3. 锅内加高汤，放入西蓝花碎、胡萝卜丁和土豆块，煮烂。
4. 用勺子将蔬菜羹碾碎拌匀即可。

营养师支招

西蓝花有保护心脏的功效，胡萝卜可以提高宝宝的视力，土豆可保护宝宝的脾胃功能。

护眼
健脾胃

增进食欲
提高免疫力

西蓝花糊

材料 西蓝花 100 克，面粉 50 克。

调料 黄油、鸡汤、洋葱末、盐各适量。

做法

1. 西蓝花去根部，切块。
2. 黄油爆香洋葱末，加入西蓝花和鸡汤烧开。
3. 将面粉炒香，慢慢地加入汤内，直至变浓稠，加入盐调味。
4. 用粉碎机将上述汤和料一同打碎。
5. 倒入锅中烧开即可。

营养师支招

此汤可以防止宝宝便秘，还能增进宝宝的食欲，增强免疫力，很适合宝宝经常适量饮用。

番茄 促进消化的"神奇菜果"

番茄含有番茄红素，可减轻紫外线对皮肤的损伤，保护皮肤的弹性；含有苹果酸、柠檬酸，有助于促进宝宝消化，调节胃肠功能，清理肠道毒素；含有番茄红素，能减少热量的摄入，预防肥胖；含有维生素 C，能提高抵抗力。

营养功效

番茄可抑菌消炎、促进消化、清肠毒、预防肥胖。

优势营养素含量

营养成分	每100克可食部分含量
蛋白质	0.9 克
碳水化合物	3.3 克
胡萝卜素	375 微克
叶酸	8.3 微克
维生素 E	0.4 毫克
维生素 C	14 毫克

多大的宝宝可以吃

10 个月大的宝宝可以吃番茄煮的粥。

这样挑选最新鲜

自然成熟的新鲜番茄表面圆滑，蒂周稍呈绿色，手感软。

这样烹调最营养

番茄在烹饪时宜快速炒熟，这样有利于对维生素的保存，防止营养流失。

经典搭配

- 番茄+鸡蛋 ✅ 补充丰富均衡的营养
- 番茄+牛肉 ✅ 补铁补血
- 番茄+牛奶 ✅ 促进维生素A的吸收
- 番茄+苹果 ✅ 防暑，强身

食用须知

1 经常感冒的宝宝应该多食。

2 不能吃未熟的番茄，否则易引起宝宝呕吐、流涎等。

番茄泥

材料 番茄 50 克。

做法

1. 番茄洗净，顶端划"十"字。
2. 放入沸水中焯烫。
3. 将番茄去皮，去蒂头。
4. 将番茄切成小丁，磨成泥即可。

营养师支招

番茄中有非常丰富的番茄红素，作为一种强抗氧化剂，它可以清除宝宝体内自由基，还可以增强宝宝免疫系统功能。

提高免疫系统功能

番茄鱼糊

滋润肌肤、促进大脑发育

材料 三文鱼 100 克，番茄 70 克。

调料 加奶的菜汤适量。

做法

1. 三文鱼去皮、刺，切成碎末。
2. 番茄用开水烫一下，去皮、蒂，切末。
3. 将备好的含奶菜汤倒入锅里，加鱼肉稍煮。
4. 加入切碎的番茄，小火煮至呈糊状即可。

营养师支招

三文鱼是所有鱼类中 ω-3 脂肪酸含量最高的一种，能滋润皮肤、促进脑部发育，而且是钙、铁、锌、镁、磷等矿物质及维生素的良好来源。

补铁补血

番茄肝末汤

材料 猪肝、番茄各 100 克，洋葱 20 克。

做法

1. 将猪肝洗净剁碎。番茄用开水烫一下，去皮，切末。洋葱剥皮，洗净，切碎备用。
2. 将猪肝碎、洋葱碎同时放入锅内，加水煮开，最后加入番茄末即可。

营养师支招

猪肝富含铁，与富含维生素C的番茄一同食用，更有助于宝宝对铁的吸收，因此该汤具有补铁补血的功效。

鸡蛋 全面的"营养库"

鸡蛋是宝宝最好的营养来源之一，含大量的维生素、矿物质及优质蛋白质，其中蛋白质品质仅次于母乳。另外，鸡蛋还含磷、锌、铁等，这些营养素都是宝宝必不可少的，在修复受损细胞、形成新组织、参与新陈代谢、促进宝宝身体和智力发育等方面起着重要作用。

营养功效

鸡蛋可修复细胞、参与新陈代谢、促进生长发育、增长智力。

优势营养素含量

营养成分	每100克可食部分含量
蛋白质	12.7 克
脂肪	9.0 克
维生素 A	310 微克
维生素 B_1	0.1 毫克
维生素 B_2	0.3 毫克
维生素 E	1.2 毫克

多大的宝宝可以吃

宝宝满 4 个月以后，可以喂煮熟的鸡蛋黄，从少量开始（由1/4 逐渐增加至1/2）。

这样挑选最新鲜

用拇指、食指和中指捏住鸡蛋晃动，没有晃荡声音的鸡蛋比较新鲜。

这样烹调最营养

将鸡蛋制成蛋羹、蛋花汤，有助于宝宝对所含蛋白质的充分吸收。

经典搭配

- 鸡蛋+豆腐 ✅ 促进钙吸收
- 鸡蛋+胡萝卜 ✅ 缓解眼部疲劳
- 鸡蛋+木耳 ✅ 补血，增强免疫力
- 鸡蛋+洋葱 ✅ 促进胃肠消化

食用须知

1 尤其适合身体虚弱的宝宝食用。

2 1岁以内的宝宝不宜吃蛋清，蛋黄每日也不要超过1个。

鸡蛋玉米汤

材料 玉米粒 100 克，鸡蛋 1 个。

做法

1. 玉米粒洗净，打成玉米蓉。鸡蛋取蛋黄打散。
2. 玉米蓉放沸水锅中不停搅拌。
3. 再次煮沸后，淋入蛋黄液稍煮即可。

营养师支招

玉米富含胡萝卜素、叶黄素和玉米黄质等，能提高宝宝视力；鸡蛋含丰富蛋白质，有助于促进宝宝的生长发育。

提高视力

蛋黄汤

提高记忆力

材料 鸡蛋1个。

调料 高汤适量。

做法

1. 鸡蛋取蛋黄，搅拌均匀。
2. 汤锅中倒入高汤，大火煮开。
3. 将蛋黄液倒入沸腾的高汤中搅拌至熟即可。

营养师支招

鸡蛋黄中卵磷脂和DHA等物质的含量很可观，它们对促进宝宝脑部发育、提高记忆力有很好的作用。

开胃助眠

蛋黄南瓜小米粥

材料 鸡蛋1个，南瓜100克，小米50克。

做法

1. 鸡蛋煮熟，取蛋黄碾碎。南瓜洗净，切块，隔水蒸熟，捣成泥。
2. 锅中加水，煮小米粥。
3. 粥煮熟后，加入蛋黄碎、南瓜泥，搅匀即可。

营养师支招

蛋黄有健脑作用，南瓜可以开胃，小米帮助睡眠，三者搭配，很适合宝宝食用。

猪肉 补虚强身又家常

猪肉可给宝宝提供优质的蛋白质和必需的 8 种氨基酸，以及维生素 B 族、维生素 D、锌和铁等，能补虚强身、滋阴润燥、改善贫血状态、滋润皮肤、健脾胃等。

营养功效

猪肉可补虚强身、改善贫血、滋润皮肤、健脾利胃。

优势营养素含量

营养成分	每100克可食部分含量
蛋白质	20.3 克
脂肪	6.2 克
维生素 A	44 微克
维生素 B_1	0.5 毫克
钾	305 毫克
磷	189 毫克

多大的宝宝可以吃

7 个月大的宝宝可以吃一些煮熟的猪肉碎末，10 个月大的宝宝可以吃些小的肉丁了。

这样挑选最新鲜

挑选无怪味、无出血点、不粘手、弹性好、肉质柔软的猪肉，颜色以淡红色为佳。

这样烹调最营养

烹调猪肉给宝宝喂食，蒸、煮、焖、煲等都是适合宝宝的烹饪方法，有利于宝宝的消化和吸收。

经典搭配

- 猪肉+菠萝 ✔ 促进消化
- 猪肉+黄豆 ✔ 防止脂肪沉积
- 猪肉+黄瓜 ✔ 清热解毒，滋阴润燥
- 猪肉+莲藕 ✔ 健脾胃，补血养神
- 猪肉+黄花菜 ✔ 增强记忆力

食用须知

1 适合形体消瘦、体质虚弱的宝宝食用。

2 有水痘的宝宝不宜食用猪肉，否则易导致水痘增多。

宝宝营养餐

猪肝瘦肉粥

材料 鲜猪肝、鲜瘦猪肉、大米各 50 克。

调料 油适量。

做法

1. 猪肝、瘦肉洗净，剁碎，加油拌匀。大米洗净。
2. 大米放入锅中，加水煮。
3. 粥将熟时，加入猪肝、瘦肉，煮至肉熟即可。

营养师支招

此粥有补血明目、补中益气的作用，非常适合贫血和身体虚弱的宝宝食用。

预防贫血

补肾养血

猪肉葱香饼

材料 猪瘦肉 100 克，面粉 250 克。

调料 葱碎、香油、食用油各适量。

做法

1. 猪肉洗净，切末，用香油腌渍 30 分钟。
2. 面粉加温水揉成面团，盖保鲜膜，饧 20 分钟。
3. 面团分成剂子，包入肉末及葱碎，擀成薄饼。
4. 平底锅中刷油，放上饼，用小火将两面煎至金黄即可。

营养师支招

猪肉葱香饼可以补肾养血、滋阴润燥，对宝宝形体消瘦、体弱血虚、便秘有很好的调理效果。

猪肝　补肝明目之选

猪肝中含有丰富的铁、磷元素，能维持宝宝正常的造血功能；含有蛋白质、卵磷脂和其他微量元素，有利于宝宝智力和身体的发育；所含的维生素 A、维生素 C、硒等，能够提高宝宝视力、增强宝宝免疫力，还有抗疲劳的作用。

营养功效

猪肝可维持造血功能、促进宝宝智力发育、提高宝宝视力、抗疲劳。

优势营养素含量

营养成分	每100克可食部分含量
蛋白质	19.2 克
维生素 A	6502 微克
维生素 C	20 毫克
烟酸	10.1 毫克
铁	23.2 毫克
磷	243 毫克

多大的宝宝可以吃

8 个月大的宝宝可以吃猪肝泥糊了。

这样挑选最新鲜

新鲜的猪肝呈淡红色，手摸坚实、有弹性，肉质软嫩，无黏液，味道香，无异味。

这样烹调最营养

猪肝煮熟后捣成泥或煲汤给宝宝食用，这样有利于宝宝对营养的摄取。

经典搭配

- 猪肝+菠菜 ✓ 预防、调理宝宝贫血
- 猪肝+黄豆 ✓ 健脾宽胃，补血
- 猪肝+芹菜 ✓ 促进排毒
- 猪肝+海带 ✓ 补铁，预防贫血

食用须知

1 适合缺血的宝宝食用，有很好的补血、补铁效果。

2 宝宝脾胃虚弱时，不宜过多食用猪肝，以免影响胃肠功能。

猪肝蛋黄粥

材料 猪肝 30 克，大米 40 克，熟鸡蛋 1 个。

做法

1. 猪肝洗净，打成蓉。
2. 熟鸡蛋去皮，取蛋黄压成泥。
3. 大米淘净，加清水，入锅煮开，用小火煮成稀粥。
4. 将肝泥、蛋黄泥加入稀粥中煮 3 分钟即可。

营养师支招

猪肝中蛋白质、铁的含量也很高，而且易于吸收，适合作为宝宝补铁及提高智力的食材；鸡蛋富含优质蛋白质、卵磷脂，是宝宝很好的营养来源。

补铁
益智

清蒸肝泥

材料 猪肝 100 克，鸡蛋黄半个。

调料 香油、植物油各适量。

做法

1. 猪肝去筋膜，洗净切小片，加葱花下锅炒香，炒至八成熟时盛出，剁成泥。
2. 肝泥入碗，加鸡蛋黄、香油和少许水搅匀，入锅蒸熟即可。

营养师支招

猪肝有护眼明目、补血补铁的效果，鸡蛋则可以增强宝宝智力，保护视力。

补血明目

提高食欲
助力成长

番茄猪肝蛋汤

材料 番茄 1 个，猪肝 1 小块，鸡蛋 1 个。

做法

1. 番茄洗净，切块。猪肝洗净，切碎。鸡蛋打散。
2. 锅加热放油，将番茄炒出汁，倒适量水烧开。
3. 放入猪肝烧开，倒入鸡蛋液，快速搅拌即可。

营养师支招

此汤能够促进食欲，补充营养，起到补血补铁、提高免疫力、滋润皮肤等效果，而且色香味都很适合宝宝。

牛肉　补中益气、强健筋骨

牛肉的氨基酸组成比猪肉更接近人体，在宝宝生长发育、补血、组织修复等方面有明显的优势，而且还有暖胃的作用。中医学认为，牛肉有补中益气、滋养脾胃、强健筋骨等多种功效。

营养功效

牛肉可提高抗病能力、促进生长发育、补血、滋养脾胃。

优势营养素含量

营养成分	每100克可食部分含量
蛋白质	19.9克
脂肪	4.2克
维生素 A	7.0克
钙	23毫克
铁	3.3毫克
硒	6.5微克

多大的宝宝可以吃

宝宝出生 7 个月后可以吃一些牛肉泥或喝牛肉熬的汤了，但不宜在春季食用牛肉。

这样挑选最新鲜

新鲜的牛肉气味正常，无酸味或氨味；表面有光泽、红色均匀；肉质有弹性，微干或微湿润，不粘手。

这样烹调最营养

烹调牛肉时，要先将其切成小块或剁成末，然后炖软烂，这样宝宝对牛肉中所含营养的吸收会更充分。

经典搭配

- 牛肉+萝卜 ✓ 补益气血
- 牛肉+土豆 ✓ 保护胃黏膜
- 牛肉+鸡蛋 ✓ 促进血液循环

食用须知

1 适合宝宝在冬季食用，对宝宝的胃肠有温补作用。

2 宝宝吃牛肉时，一次不可以吃太多，否则对消化功能不好。

鸡汁牛肉末

材料 牛肉末 50 克，鸡汤 50 毫升。

做法
1. 锅置火上，放油烧热，煸炒牛肉末至变色。
2. 倒入鸡汤焖 3 分钟即可。

营养师支招

牛肉中富含蛋白质、钙、磷、铁、锌等营养物质，能够很好地促进宝宝的生长发育；鸡汤可以提高宝宝免疫力，预防感冒。

促进宝宝
生长发育

牛肉蔬菜粥

材料 牛肉 40 克，米饭 100 克，土豆、胡萝卜、韭菜各 20 克。

做法

1. 牛肉、韭菜分别洗净，切碎。胡萝卜、土豆分别去皮，洗净，切小丁。
2. 锅中加高汤煮沸，加牛肉末、胡萝卜丁和土豆丁，炖 10 分钟，加米饭搅匀，煮 10 分钟，加韭菜末稍煮即可。

营养师支招

牛肉蔬菜粥能帮助宝宝健脾养胃、预防便秘、增强体质。

养胃健脾

苹果　提高宝宝记忆力之果

苹果也被称为记忆果，可见它有提高记忆力的功效。另外，苹果中的矿物质、维生素、膳食纤维、果胶含量都很丰富，能够提高宝宝免疫力、调节肠道菌群、滋润皮肤。中医学认为，苹果还有生津止渴、健脾利胃、改善呼吸功能的作用。

营养功效

苹果可提高记忆力、增强免疫力、滋润皮肤、健脾利胃。

优势营养素含量

营养成分	每100克可食部分含量
蛋白质	0.4 克
膳食纤维	1.7 克
维生素 C	3.0 毫克
维生素 E	0.4 毫克
钾	83 毫克
钙	4 毫克

多大的宝宝可以吃

5~6 个月大的宝宝可以喝兑水苹果汁，7~8 个月大时可以吃苹果泥，10 个月大的宝宝可以吃边长 5 毫米左右的苹果丁了。

这样挑选最新鲜

挑选大小适中、果皮光洁、肉质细密、无虫伤、颜色较艳丽的苹果。

这样烹调最营养

削皮榨汁或捣成泥给宝宝喂食，可以使苹果中所含的营养被充分吸收，也可以增进宝宝的食欲。

经典搭配

• 苹果+胡萝卜 ✓ 促进排便
• 苹果+鱼肉 ✓ 止泻
• 苹果+猪肉 ✓ 促进肠道蠕动
• 苹果+银耳 ✓ 润肺止咳

食用须知

1 很适合消化功能不好的宝宝食用，以促进胃肠消化。

2 胃寒的宝宝不宜生吃苹果。

樱桃苹果汁

材料 樱桃 30 克，苹果 150 克，柠檬 30 克。

做法

1. 樱桃洗净，切两半，去核。苹果洗净，去皮、核，切小块。柠檬洗净，去皮、核。
2. 将上述食材倒入全自动豆浆机中，加入适量凉饮用水，按下"果蔬汁"键，搅打均匀后倒入杯中即可饮用。

营养师支招

樱桃富含维生素 C、胡萝卜素等，苹果富含膳食纤维，两者搭配榨汁饮用，可促进宝宝的胃肠蠕动，增强宝宝的消化功能和免疫力。

促进胃肠
蠕动

促消化
防便秘

苹果雪梨酱

材料 苹果 200 克，雪梨 200 克。

调料 柠檬汁、麦芽糖各适量。

做法

1. 苹果和梨洗净，切小块。
2. 锅内加水和柠檬汁，加入切好的苹果和梨，煮开。
3. 倒入适量麦芽糖，小火熬煮，注意搅拌。
4. 麦芽糖溶解后，搅拌至浓稠即可。

营养师支招

此果酱有促进消化、止咳化痰、防止便秘、提高宝宝免疫力的效果。

香蕉 宝宝的"开心果"

香蕉中含有丰富的碳水化合物、蛋白质、维生素，以及钙、磷、钾等矿物质，能为宝宝补充能量和营养素，还能润肠通便、消热除烦。香蕉含色氨酸，能帮助调节情绪，让宝宝感到快乐。香蕉还能改善体质，提高免疫力，促进生长发育呢！

营养功效

香蕉可润肠通便、消热除烦、稳定情绪、改善体质。

优势营养素含量

营养成分	每100克可食部分含量
蛋白质	1.4 克
碳水化合物	22 克
胡萝卜素	60 微克
维生素 C	8 毫克
钾	256 毫克
碘	2.5 毫克

多大的宝宝可以吃

5 个月以上的宝宝可以吃香蕉糊或同米糊一起煮热后吃，再大一点的宝宝就可以吃香蕉泥了。

这样挑选最新鲜

新鲜的香蕉香味纯正，梳柄完整，果实丰满肥壮，色泽金黄，果面光滑，无虫伤、病斑。

这样烹调最营养

将香蕉直接捣成泥喂给宝宝吃最营养，而且捣成泥后，要让宝宝尽快吃完。

经典搭配

- 香蕉+牛奶 ✅ 预防便秘、滋润皮肤
- 香蕉+苹果 ✅ 预防宝宝铅中毒
- 香蕉+花生 ✅ 维持胃肠健康
- 香蕉+燕麦 ✅ 改善睡眠质量

食用须知

1 体质燥热的宝宝可以多吃一些香蕉，有生津、润肺的功效。

2 有腹泻症状的宝宝不适合食用。

宝宝营养餐

香蕉粥

材料 香蕉1根，大米100克。

做法

1. 香蕉去皮，切丁。大米淘净。
2. 将大米放入开水锅里烧开，煮20分钟。
3. 加入香蕉丁熬成粥即可。

营养师支招

香蕉粥色香味都很纯正，且富有营养，能促进宝宝食欲，帮助宝宝消化，还能增强宝宝的抵抗力。

增强抵抗力

促食欲护眼

香蕉南瓜双黄饮

材料 香蕉1根，南瓜120克，酸奶适量。

做法

1. 南瓜洗净，去皮，切片，煮熟。
2. 香蕉去皮，切成小段。
3. 将以上材料放入料理机中，倒入适量酸奶，搅打均匀即可。

营养师支招

香蕉可起到镇痛、安眠、缓解神经疲劳的功效，南瓜能提高宝宝食欲、保护宝宝的视力。

核桃 宝宝的"智力果"

核桃中所含的磷脂，对脑神经有良好的保健作用；维生素 B 族和维生素 E 可以预防细胞老化，能润肠、健脑、增强记忆力，还能乌发；不饱和脂肪酸亚麻油酸能帮助人体吸收蛋白质，提高宝宝的免疫力。

营养功效

核桃可保护脑神经、润肠、健脑、增强记忆力、提高免疫力。

优势营养素含量

营养成分	每100克可食部分含量
蛋白质	14.9 克
脂肪	58.8 克
胡萝卜素	30 微克
维生素 B$_1$	0.1 毫克
维生素 E	43.2 毫克
多不饱和脂肪酸	42.8 克

多大的宝宝可以吃

8 个月大的宝宝就可以吃些核桃仁末了。可将核桃仁打成粉、做成浆或捣成泥等。

这样挑选最新鲜

新鲜核桃个头较大，外形圆整，外壳较薄，干燥，有一定的分量。

这样烹调最营养

将核桃仁打碎煮粥，给宝宝喂食，可以起到很好的补益效果。

经典搭配

- 核桃+芹菜 ✅ 预防便秘
- 核桃+羊肉 ✅ 保护心脑血管
- 核桃+牛奶 ✅ 健脑、明目
- 核桃+杏仁 ✅ 润肠通便、镇咳平喘

食用须知

1 适合头发发黄、干枯，平时易出汗的宝宝食用。

2 核桃皮虽然营养丰富，但容易引起过敏，不宜喂给宝宝。

宝宝营养餐

枣泥核桃露

材料 核桃仁 50 克，红枣 30 克，大米 20 克。

做法

1. 大米洗净，提前浸泡 30 分钟。核桃仁用开水稍浸泡，去皮。红枣洗净，捣成泥。
2. 将核桃仁、大米和枣泥倒入粉碎机中，加 2 次水粉碎 2 次。
3. 锅中加水烧开，倒入做好的糊，熬至黏稠即可。

营养师支招

核桃能提高宝宝智力，红枣能够补血补铁，因此此饮品能够提高宝宝智力，促进生长发育，预防宝宝贫血。

提高宝宝智力

调理脾胃

山楂核桃饮品

材料 核桃仁 100 克，山楂 70 克。

做法

1. 核桃仁加水，倒入料理机打成浆，加适量水，调稀。
2. 山楂洗净，去核，切片，加水煮 30 分钟，滤出山楂汁。
3. 将山楂汁放入锅中煮开，倒入核桃汁，煮至稍微沸腾即可。

营养师支招

山楂有健脾开胃的效果，对食欲不好的宝宝来说，此饮品有很好的调理作用。

红枣　理想的补血小红果

红枣中含有丰富的蛋白质、碳水化合物、有机酸、维生素 C、钙和铁等，具有提高机体免疫力、促进骨骼发育、抗过敏，以及安神、益智、增强食欲的良好功效，可作为宝宝很好的补血食材。中医学认为，枣有补中益气、养血安神的作用。

营养功效

红枣可提高免疫力、促进骨骼发育、益智安神、补中益气。

优势营养素含量

营养成分	每100克可食部分含量
蛋白质	1.1 克
碳水化合物	30.5 克
维生素 C	243 毫克
钾	375 毫克
锌	1.5 毫克
铁	1.2 毫克

多大的宝宝可以吃

7 个月大时，宝宝可以吃红枣泥，但事先要把枣外皮和枣核去掉。

这样挑选最新鲜

新鲜的红枣果实大小均匀、形状圆整短壮、皮薄，果肉细密厚实、皱纹少，颜色紫红。

这样烹调最营养

由于枣外皮中的营养很丰富，将枣去核后，连皮一起煮烂炖汤给宝宝食用，能最大限度地发挥红枣的营养价值。

经典搭配

- 红枣+南瓜 ✅ 补益气血
- 红枣+莲子 ✅ 补养元气
- 红枣+黑芝麻 ✅ 增强抵抗力

食用须知

1 出现缺铁性贫血的宝宝可适量多食，有很好的补血效果。

2 大便不通畅的宝宝不宜食用红枣。

山楂红枣汁

促消化
补铁

材料 山楂 100 克,红枣 100 克。

做法

1. 山楂洗净,去核,切碎。红枣洗净,去核,切碎。
2. 将山楂、红枣放入果汁机中搅打,打好后倒入杯中即可。

营养师支招

此汁有很好的消食化滞、补铁、促进食欲的作用,适合宝宝饮用,可以预防贫血。

调理脾胃

山药红枣泥

材料 红枣 50 克,山药 100 克。

做法

1. 山药洗净,去皮,切块,放蒸锅内蒸熟。
2. 红枣洗净,去核,用开水煮软。
3. 将红枣和山药分别打成泥,红枣和山药按 1:2 的比例混合均匀即可。

营养师支招

本品适合宝宝日常调理脾胃食用,能预防贫血,促进排便。

黑芝麻 乌发的滋养品

黑芝麻中含多种人体必需的氨基酸，能加速宝宝的代谢，促进生长；所含的铁和维生素 E 可以预防贫血、活化脑细胞、减少胆固醇在血管中的堆积；所含的脂肪多为不饱和脂肪酸，有增强免疫力、保护眼睛健康、缓解过敏等作用。黑芝麻还能让宝宝头发乌黑浓密。

营养功效

黑芝麻可加速新陈代谢、预防贫血、增强免疫力、乌发养发。

优势营养素含量

营养成分	每100克可食部分含量
蛋白质	19.1 克
膳食纤维	14.0 克
饱和脂肪酸	6.8 克
镁	290 毫克
钙	780 毫克
锌	6.1 毫克

多大的宝宝可以吃

9 个月大的宝宝可以吃黑芝麻，但要提前将芝麻研碎。

这样挑选最新鲜

应选购干燥、颗粒饱满、颜色深黑、没有霉味的黑芝麻。

这样烹调最营养

因为黑芝麻外面包裹的硬膜中含有较多的营养素，因此宜将黑芝麻整粒碾碎后再给宝宝烹饪食用，这样所含的营养会得到充分利用。

经典搭配

- 黑芝麻+牛奶 ✓ 促进蛋白质吸收
- 黑芝麻+核桃 ✓ 补脑补肾

食用须知

1 有厌食、偏食情况的宝宝可多食黑芝麻，有很好的调理功效。

2 黑芝麻有大量油脂，大便溏泄的宝宝不宜食用。

黑芝麻山药糊

材料 黑芝麻 20 克，山药 100 克。

做法

1. 黑芝麻洗净，碾成粉。山药洗净，去皮，切块。
2. 电饭煲中加水，将山药块煮熟。
3. 山药块煮熟后加芝麻末，用搅拌机搅成糊即可。

营养师支招

黑芝麻有助于加速人体的代谢，滋润五脏；山药有养胃、促消化的功效。此粥对宝宝的身体健康和生长发育有良好的促进作用。

加速宝宝
新陈代谢

乌发
促消化

黑芝麻木瓜粥

材料 黑芝麻 20 克，大米 100 克，木瓜 50 克。

做法

1. 大米和黑芝麻分别除杂，洗净。木瓜去皮，洗净，切丁。
2. 将大米放入锅内，加水煲 25 分钟。
3. 加入木瓜块、黑芝麻，炖 15 分钟即可。

营养师支招

黑芝麻有乌发、补血的功效；木瓜对宝宝的消化系统有好处，能够促进消化。另外，木瓜对宝宝失眠也有很好的缓解作用。

燕麦　调理胃肠、预防便秘

燕麦是谷物中脂肪含量最高的，其中大部分是单不饱和脂肪酸、亚麻酸、亚油酸等，这些营养物质可以促进宝宝大脑发育，保护宝宝的心血管健康。另外，燕麦中的皂苷可以调节宝宝的肠胃功能，防止宝宝出现便秘；所含的赖氨酸可以益智和健骨。

营养功效

燕麦可促进大脑发育、调理胃肠、预防便秘、预防贫血。

优势营养素含量

营养成分	每100克可食部分含量
蛋白质	12.4 克
碳水化合物	67.3 毫克
维生素 B_1	0.2 毫克
维生素 E	1.4 毫克
钙	8.0 毫克
钾	306 毫克

多大的宝宝可以吃

由于燕麦不易消化，宝宝 8 个月大后才可以吃些燕麦糊或燕麦粥。肠胃不好的宝宝 10 个月以后再吃且不宜多吃。

这样挑选最新鲜

挑选燕麦时，以外观扁平、形状完整、颜色为米色、无霉变和虫蛀为佳。

这样烹调最营养

燕麦在烹饪过程中，应避免高温煮和长时间煮，以防止维生素被破坏，可事先用温水浸泡一段时间。

经典搭配

- 燕麦+南瓜 ✓ 润肠通便
- 燕麦+牛奶 ✓ 促进营养吸收
- 燕麦+红豆 ✓ 蛋白质互补
- 燕麦+苹果 ✓ 饱腹、预防肥胖

食用须知

1 抵抗力不好的宝宝适合多食燕麦，可增强免疫力，尤其适合在春季食用。

2 皮肤容易过敏的宝宝不宜多食燕麦。

燕麦南瓜粥

材料 南瓜 50 克，燕麦 30 克，大米 50 克。

调料 葱花适量。

做法

1. 南瓜洗净，削皮，切小块。大米洗净，用清水浸泡 30 分钟。
2. 将大米放入锅中，加水，大火煮沸，换小火煮 20 分钟。
3. 放入南瓜块，小火煮 10 分钟，加入燕麦，小火煮 10 分钟。
4. 关火，加入葱花调匀即可食用。

营养师支招

南瓜中富含胡萝卜素，有利于宝宝的视力发育，而且南瓜性温，宝宝经常食用，对脾胃也有很好的调理效果。

调理脾胃
提高视力

玉米 促进大脑发育的"金豆豆"

玉米中含有丰富的亚油酸，能促进宝宝大脑的健康发育；维生素含量为稻米、小麦的5～10倍，钙含量相当于等量乳制品中的含量。另外，玉米中还含有胡萝卜素、维生素E、叶黄素、玉米黄质等。玉米可以给宝宝补钙，提高视力，增强记忆力和抵抗力。

营养功效

玉米可补钙、提高视力、增强记忆力、提高抵抗力。

优势营养素含量

营养成分	每100克可食部分含量
碳水化合物	22.8克
膳食纤维	2.9克
维生素B$_1$	0.2毫克
维生素B$_2$	0.1毫克
叶酸	31.9微克
钾	238毫克

多大的宝宝可以吃

4个月大的宝宝可以喝一些玉米水，稍大一点的宝宝可以吃玉米面，10个月大的宝宝才可以吃煮熟的玉米片。

这样挑选最新鲜

新鲜的玉米面用手捻，手不会被染上黄色；玉米粒颜色金黄，表面光亮，颗粒饱满。

这样烹调最营养

玉米宜煮熟后打碎喂给宝宝吃，这样最能保证营养的充分利用。

经典搭配

- 玉米+黄豆 ✅ 促进蛋白质吸收
- 玉米+鸡蛋 ✅ 防止宝宝肥胖
- 玉米+鱼肉 ✅ 促进食欲、补充蛋白质
- 玉米+牛奶 ✅ 健脾开胃

食用须知

1 适合便秘的宝宝适当多食，能促进排便。

2 宝宝不宜将玉米作为主食，过食易导致烟酸的缺乏。

蛋黄玉米羹

材料 鲜玉米粒 100 克，蛋黄 1/2 个。

做法

1. 鲜玉米粒洗净，放入料理机打成蓉。蛋黄取一半的量，打散。
2. 将玉米蓉放入锅中，加水没过食材，大火煮沸后转小火煮 15 分钟。
3. 转大火，倒入蛋黄液，搅匀后煮熟即可。

营养师支招

蛋黄玉米羹含有较高含量的谷氨酸、卵磷脂、优质蛋白质等，有利于健脑。

健脑益智

鸡蓉玉米羹

材料 玉米粒 50 克，鸡胸肉 25 克。

调料 水淀粉 10 克，葱花 5 克。

做法

1. 玉米粒洗净，沥干。鸡胸肉洗净，切碎。
2. 锅内倒油烧热，加鸡肉碎炒散，加入玉米粒和适量水煮 30 分钟，用水淀粉勾芡，撒上葱花即可。

营养师支招

鸡肉有温中补气、补精填髓的功效，玉米有促进肠蠕动、调理便秘的作用，两者搭配，可以提高宝宝抵抗力。

温中补气
预防便秘

豆腐 补益清热洁肠胃

豆腐营养丰富，含有铁、钙、磷、镁和其他人体必需的矿物质，以及碳水化合物、脂肪和丰富的优质蛋白质，而且消化吸收率达95%以上。豆腐还是补益清热的食品，宝宝常食可起到补中益气、提高免疫力、促进代谢、清热润燥、清洁肠胃的作用。

营养功效

豆腐可补益气血、清热、提高免疫力、清肠。

优势营养素含量

营养成分	每100克可食部分含量
蛋白质	6.6克
维生素B$_1$	0.1毫克
维生素E	5.8毫克
钙	78毫克
硒	1.5微克
镁	41毫克

多大的宝宝可以吃

9个月大的宝宝可以吃一些豆腐泥，过敏体质的宝宝不宜食用。

这样挑选最新鲜

盒装豆腐要在冷藏设备好的场所购买，包装盒应无凸起，里面的水应清澈且无水泡。

传统豆腐应软硬适度、有弹性，质地细嫩，切面整齐，颜色略发黄，无杂质。

这样烹调最营养

豆腐蒸食有利于宝宝对其中所含的卵磷脂的吸收，增强健脑益智的效果。而煎炸会破坏豆腐中的卵磷脂，影响豆腐的营养价值。

经典搭配

- 豆腐+鸡蛋 ✓ 提高蛋白质利用率
- 豆腐+海带 ✓ 补充碘元素
- 豆腐+苦瓜 ✓ 清热、解毒、消暑
- 豆腐+番茄 ✓ 养心安神、滋润皮肤

食用须知

1 大便干燥、形体消瘦的宝宝可以适当多食豆腐。

2 豆腐性偏凉，经常腹泻的宝宝不宜食用。

花豆腐

材料 豆腐 50 克，青菜叶 30 克，熟鸡蛋黄 1 个。

调料 葱姜水适量。

做法

1. 豆腐稍煮，放入碗内碾碎。蛋黄碾碎。
2. 青菜叶洗净，开水微烫，切成碎末放入碗中，加入葱姜水拌匀。
3. 将豆腐、青菜碎放盘中，上面再撒一层蛋黄碎。
4. 入蒸锅，中火蒸 5 分钟即可。

营养师支招

花豆腐含有蛋白质、卵磷脂、铁、磷等营养物质，常食能够增强宝宝体质，提高免疫力。

增强
免疫力

海苔豆腐羹

材料 海苔 10 克，豆腐 30 克，胡萝卜 20 克。

调料 植物油适量。

做法

1. 豆腐略洗，切丁。胡萝卜洗净，去皮，切丁。
2. 锅中加适量水放入胡萝卜丁煮软，再放入豆腐丁，淋上植物油煮至豆腐熟，将海苔撕碎后放入锅中，煮软即可。

营养师支招

海苔含碘丰富，是宝宝补碘的良好食物来源，同时海苔中含有钾、钙、镁、磷等矿物质，能帮助促进宝宝骨骼发育。

补钙长高

助力成长

三彩豆腐羹

材料 豆腐 30 克，油菜 40 克，南瓜、土豆各 50 克。

做法

1. 油菜择洗干净，焯熟，切碎。南瓜洗净后去皮、瓤，切块。土豆洗净，去皮切块，和南瓜块一起放入蒸锅蒸熟，取出后分别捣成泥。
2. 豆腐用清水冲洗一下，放入开水锅中煮10分钟，捞出沥水，研成末，放入油菜碎、南瓜泥、土豆泥拌匀即可。

营养师支招

豆腐中的卵磷脂和蛋白质能为宝宝的生长发育提供营养，含有的钙有利于宝宝骨骼发育。

香菇　宝宝厌食就选它

香菇可预防流感，增强宝宝免疫力。另外，香菇还有促进钙吸收，预防佝偻病和贫血的功效。中医学认为，香菇可以调理脾胃虚弱、食欲不振，因此厌食的宝宝常吃香菇，会有很好的调理作用。

营养功效

香菇可防治流感、调理胃肠、增强免疫力、改善厌食症状。

优势营养素含量

营养成分	每100克可食部分含量
蛋白质	20.0克
碳水化合物	61.7克
膳食纤维	31.6克
维生素B$_2$	1.3毫克
烟酸	20.5毫克
硒	6.4微克

多大的宝宝可以吃

8个月大的宝宝就可以吃香菇了，将香菇煮熟捣烂成泥或切成小小的丁均可。

这样挑选最新鲜

新鲜的香菇香气浓郁，肉质厚实、表面平滑、大小均匀，颜色黄褐或黑褐，完整、无霉变。

这样烹调最营养

用20～35℃的温水将干香菇泡好，不要加糖或用开水，然后选择蒸、焖、炖等方法烹饪，这样能很好地保留香菇中的水溶性营养素。

经典搭配

- 香菇+肉类 ✅ 促进消化
- 香菇+豆腐 ✅ 利脾胃
- 香菇+牛奶 ✅ 清肺、解毒，缓解鼻塞
- 香菇+油菜 ✅ 补血、通便、降脂

食用须知

1 贫血、消化不良、大便干的宝宝适合经常食用。

2 香菇偏黏滞，脾胃虚寒的宝宝不宜吃。

素炒豆腐

材料 豆腐、香菇各 50 克，胡萝卜、黄瓜各 20 克。

调料 香油、植物油、葱末各适量。

做法

1. 豆腐洗净，压碎。香菇洗净，去蒂，切丁。胡萝卜洗净，切丁。黄瓜洗净，切末。
2. 锅内放油烧热，葱末炝锅。
3. 加豆腐碎、香菇丁、胡萝卜丁和黄瓜末煸炒透，淋上香油即可。

营养师支招

素炒豆腐能改善宝宝食欲，还有健脾养胃、清热祛火、保护眼睛的功效。

改善食欲

健脾养胃

香菇烧豆腐

材料 豆腐 60 克，香菇 50 克。

调料 植物油、葱花各适量。

做法

1. 香菇去蒂，洗净，切丁，用沸水焯一下。豆腐洗净，切块，用沸水煮一下。
2. 锅中倒油烧热，煸炒豆腐片刻，加入香菇丁、水，大火烧 5 分钟，撒上葱花即可。

营养师支招

香菇烧豆腐有健脾胃、助消化的功效。

海带 补碘的冠军食材

海带被誉为"含碘冠军"，能够有效地预防宝宝单纯性甲状腺肿。海带中还含有胶质、不饱和脂肪酸等，可以调理宝宝的肠胃，促进胆固醇的排泄，叶酸则可以协助红细胞再生。此外，海带还能提高宝宝的抵抗力。

营养功效

海带可补碘、减少放射性伤害、调理肠胃、提高抵抗力。

优势营养素含量

营养成分	每100克可食部分含量
蛋白质	1.2克
维生素B$_2$	0.1毫克
维生素E	1.9毫克
钾	246 毫克
碘	113.9 毫克
硒	9.5 微克

多大的宝宝可以吃

海带洗净后剁成泥或糊，可以喂给7个月大的宝宝。

这样挑选最新鲜

水发的海带应无泥沙杂质，整洁干净无霉变，且摸起来不发黏。

这样烹调最营养

海带含盐较多，烹饪前将海带在水中泡一泡，且不要加盐，以免宝宝摄入的盐过多。

经典搭配

- 海带+豆腐 ✓ 维持碘平衡
- 海带+冬瓜 ✓ 消暑、预防肥胖
- 海带+鸭肉 ✓ 软化血管
- 海带+鸡肝 ✓ 养肝益肾、宁心安神

食用须知

1 适合贫血和便秘的宝宝食用，常食可以改善贫血症状，促进排便。

2 海带性凉，胃肠不好的宝宝不宜多吃。

宝宝营养餐

海带柠檬汁

材料 水发海带 150 克，柠檬 20 克。

调料 白糖适量。

做法

1. 海带洗净，切丁。柠檬去皮和籽，切丁。
2. 将海带丁、柠檬丁放入果汁机中，加水搅打。
3. 加入适量白糖搅拌溶化即可。

营养师支招

海带富含碘和钙，常食有助于宝宝脑部和智力的发育；柠檬含有维生素 C、柠檬酸、碘、铁等营养素，常食能提高宝宝的免疫力。

促进宝宝大脑发育

专题 妈妈们要注意的致敏食物

有些宝宝对特定的食物会有过敏现象。容易引发过敏的食物有哪些呢？应该怎样喂才安全呢？

花生

过敏解析	喂养方法
过敏危险性高且消化困难，6个月以上的宝宝要磨碎了再吃，有过敏症状的宝宝要在出生36个月以后吃才安全。	初次喂的时候要磨碎，如果无异常反应则可以将每次的量增加1粒，最多可以增加到4粒。

蜂蜜

过敏解析	喂养方法
如果喂给1周岁以前的宝宝可能会引起食物中毒。添加蜂蜜的加工食品也要引起家长的注意。	因为甜味重，最好把1小勺蜂蜜放入水中稀释后当茶喂，或代替白糖少量食用。

牛奶

过敏解析	喂养方法
牛奶中所含的蛋白质不同于母乳或配方奶粉，宝宝很难吸收，而且还可能导致拉肚子或发疹等过敏症状。	初次喂时量要少，若无异常再逐渐增量。

番茄

过敏解析	喂养方法
番茄的籽中含有易引起过敏的成分，最好在1周岁后开始喂。有过敏反应的宝宝应在18个月以后再喂。	初次喂时在沸水里烫一下，剥皮，将里面的籽去除，这样更加安全。

	过敏解析	喂养方法
菠萝	菠萝含有菠萝蛋白酶，容易导致过敏，最好1岁以后再吃。有过敏史的宝宝可推延至2岁后再食。	给宝宝吃菠萝时要切成薄片，用盐水浸泡，或加热煮。
草莓	草莓籽会刺激肠胃，有可能引起过敏，因此最好在1周岁以后喂，有过敏反应的宝宝应在18个月后再喂。	初次喂时量要少，将有籽的表层部分用勺或刀去除。
猕猴桃	猕猴桃表层的毛和籽会引发过敏。黄色猕猴桃在1岁以后喂，绿色猕猴桃在2岁后喂。过敏体质的宝宝应在2岁后喂。	先把猕猴桃的皮削去，再放入水中洗一下，去籽。
虾	虾引起过敏的危险性很高，一旦出现过敏可能保持一生，所以要非常注意。	先喂虾汤，如果没异常反应可开始喂少量去皮的虾肉。
鸡蛋清	7个月以下的宝宝不能分解鸡蛋蛋白质，因此容易产生过敏反应。1岁前不要喂鸡蛋清。	将鸡蛋煮熟或蒸熟，初次喂时喂1/4个蛋黄即可。

第四章

妈妈亲手做的最好

0~1岁宝宝健康调理营养餐

日常保健调理

健脑益智

每个爸爸妈妈都期望自己的宝宝思维活跃、反应灵敏、聪颖，除了先天的影响之外，后天的饮食调养及科学用脑也是十分重要的。通过饮食调节来提高宝宝的智力无疑是最安全，也是最科学的，宝宝在享受美味的同时，又补充了营养，可谓一举两得。

饮食加分法则

1 多食含碳水化合物的食物，如大米、面食、玉米等。这些食物可以为大脑提供充足的能量，对提高宝宝的智力、增强宝宝记忆力有很大帮助。

2 常食卵磷脂含量高的食物。这类食物包括鱼、蛋、坚果类等。卵磷脂能活化脑细胞，提高注意力。

3 补充优质蛋白质和必需脂肪酸，如奶类、植物油等。

4 每天喝足水。饮水不足可以导致大脑衰老，4 个月大的宝宝每天需喝 80 毫升水，6 个月以上的宝宝每天需喝 100 毫升水。

饮食减分法则

1 饮食过咸。过多地摄入盐会损伤宝宝脾胃，影响营养供给，不利于大脑的发育。

2 给宝宝吃铅、铝含量高的食物。膨化食品、松花蛋、爆米花等铅含量较高，易拉罐饮料、油条、粉丝等铝含量较高。

健脑益智小窍门

尽量避免使用铝锅、铝壶等厨具。经常用含铝厨具给宝宝做饭，容易造成宝宝铝的摄入过多，从而影响脑细胞功能，导致记忆力下降、思维迟钝。

常给宝宝按摩头部或用梳子轻轻梳头可健脑。梳子在头皮上来回轻轻划过，可刺激神经末梢，调节神经功能，使得头部神经舒缓，从而促进脑部血液循环。

宜吃的食物

 金针菇
增加大脑营养，提高智力。

 鱼类
富含 DHA，可增强神经细胞的活力，提高记忆能力。

 核桃
改善脑循环，预防脑细胞衰退。

 蛋黄
有助于增强神经系统的功能。

黑芝麻大米粥

材料 大米 100 克，黑芝麻 40 克。

做法

1. 黑芝麻洗净，炒香，研碎。大米淘洗干净。
2. 砂锅置火上，倒入适量清水大火烧开，加大米煮沸，转用小火煮至八成熟时，放入芝麻碎拌匀，继续熬煮至米烂粥稠即可。

营养师支招

黑芝麻中蛋白质、卵磷脂、不饱和脂肪酸含量较丰富，常食可以活化脑细胞，达到健脑益智的效果，当然还可润肠通便，预防宝宝便秘。

健脑益智
预防便秘

芝麻核桃露

材料 去皮核桃仁 200 克，白芝麻、糯米粉各 50 克。

做法

1. 核桃仁炒熟，碾碎。白芝麻去杂，炒熟，碾碎。糯米粉加清水调成米糊。
2. 将碾碎的芝麻和核桃仁倒入汤锅内，加适量水烧开，用小火煮。
3. 将糯米糊慢慢淋入锅内，煮至呈浓稠状即可。

营养师支招

白芝麻和核桃仁都富含亚油酸和 α - 亚麻酸，常能起到健脑益智的功效，对宝宝的生长发育亦有好处。

健脑益智、促进生长发育

促进智力发育

奶粉蛋黄汤

材料 米汤半碗，奶粉 2 勺，鸡蛋 1 个。

做法

1. 鸡蛋煮熟，取蛋黄，捣碎成粉。
2. 将奶粉冲调好，加入备好的蛋黄粉和米汤后调匀即可。

营养师支招

蛋黄富含卵磷脂、蛋白质、维生素、矿物质，常食对宝宝生长发育和智力发育有很好的作用，是宝宝辅食的优质选择。

牛肉胡萝卜粥

材料 牛肉 20 克，胡萝卜 40 克，大米 30 克。

做法

1. 牛肉洗净，切碎，用沸水焯一下。胡萝卜洗净，去皮，切丁。
2. 大米淘洗干净，加适量水煮成粥，加入牛肉碎、胡萝卜丁一起煮熟即可。

营养师支招

牛肉胡萝卜粥富含蛋白质、铁、胡萝卜素等，能明目护眼、预防贫血，对长高益智也有帮助。

明目护眼
预防贫血

补虚健脑
暖胃

鲑鱼汤

材料 鲑鱼肉 100 克，豆腐 50 克。

调料 紫菜、葱花各适量。

做法

1. 鲑鱼肉切块，豆腐切小块。
2. 汤锅加水煮开，放入鲑鱼块煮熟。
3. 捞出鲑鱼，放入锅中，加少量水，然后加紫菜、豆腐块煮 2 分钟，最后撒上葱花即可。

营养师支招

鲑鱼含有丰富的天然虾青素，有很强的抗氧化作用，能起到补虚、健脾胃、益脑、暖胃和中的作用，还可辅助调理消化不良等症。

健骨增高

让宝宝拥有一个强壮的身体和正常的身高，有利于宝宝的健康成长，抵抗疾病的侵袭，也会为宝宝以后打下良好的健康基石。除遗传因素外，饮食内容和结构是非常重要的影响身高的因素之一，蛋白质、钙、磷等营养物质在骨骼发育中起着很大的作用。妈妈们做好科学合理地选择宝宝饮食的准备了吗？

饮食加分法则

1 三餐营养充足，食物多样，膳食搭配均衡合理。

2 让宝宝适当多食蛋白质、钙、磷、锌等含量丰富的食物。蛋白质、钙、磷等是保证骨骼正常生长发育的基本物质，锌等元素可以保护骨骼的发育。

3 适当多给宝宝喂食维生素含量较丰富的水果与蔬菜。维生素 C 有保持骨密度的功效，补充维生素 D 有利于钙的吸收。

饮食减分法则

1 给宝宝吃垃圾食品。垃圾食品热量很高，而且会影响宝宝对其他营养物质的吸收，不利于宝宝骨骼的健康发育。

2 喝骨头汤补钙。其实，骨头虽然钙含量丰富，但就算长时间炖煮，钙也很难溶进汤里，单纯靠喝骨头汤起不到补钙长高的作用。

健骨增高小窍门

给宝宝喂奶和补钙的时间，最好中间隔一段时间，以 2 小时为宜，以减少奶制品中脂肪酸对钙吸收的影响。

保证宝宝有充足和安稳的睡眠。充足、良好的睡眠能够促进脑垂体分泌生长激素，有利于宝宝骨骼的生长。

宝宝的婴儿床硬一些比较好，但是不能太硬了。宝宝在床上仰卧时，小屁股不会下陷得太明显，这种软硬度最为适宜，可防止宝宝脊柱和肢体骨骼的变形和弯曲。

宜吃的食物

鱼类
含有丰富的营养物质，尤其是蛋白质、钙等。

豆腐
蛋白质和钙含量较丰富，且有利于宝宝的吸收。

胡萝卜
富含维生素，能够促进宝宝身体发育。

蛋黄
鸡蛋中的大部分蛋白质储存于此。

宝宝健骨增高营养餐

鱼肉糊

促进骨骼发育、保护视力

材料 草鱼腩 80 克，豌豆淀粉 15 克。

做法

1. 鱼腩切成小片，入锅煮熟，捞出。
2. 去除鱼骨和皮，将鱼肉放入碗内碾碎。
3. 将鱼肉碎放入锅内加水煮。
4. 淀粉用水调匀，倒入锅内煮至糊状即可。

营养师支招

鱼肉含有丰富的蛋白质、矿物质及维生素，能够促进宝宝骨骼的健康发育，同时对保护宝宝的视力和促进大脑的发育也有很好的作用。

促进骨骼发育、保护视力

蛋黄胡萝卜泥

材料 熟蛋黄 1 个，胡萝卜半根。

做法

1. 胡萝卜洗净，去皮，切块，放入锅中，加适量清水煮软，捣成泥。
2. 熟蛋黄加少许水，压成泥。
3. 将胡萝卜泥和蛋黄泥混匀即可。

营养师支招

蛋黄所含的油酸对宝宝心脏有利，所含的卵磷脂能促进大脑发育。另外，蛋黄在补铁、促进骨骼发育、造血方面都有很好的作用。胡萝卜对视力有很好的保护作用。

胡萝卜羹

材料 胡萝卜1根，酸奶适量。

做法

1. 胡萝卜去皮，切大块。
2. 蒸锅加水烧开，放上胡萝卜条，大火蒸8分钟至软熟。
3. 将蒸熟的胡萝卜切小块，放入搅拌机，加少量凉开水，打成羹。
4. 羹过筛，加适量酸奶调味即可。

营养师支招

胡萝卜含有丰富的胡萝卜素、维生素、钙、铁、纤维素等，常食可以提高宝宝免疫力，促进新陈代谢，健脾和胃，促进骨骼发育。

促进新陈代谢和骨骼发育

助力长高

香椿芽拌豆腐

材料 嫩香椿芽50克，豆腐100克。

调料 香油适量。

做法

1. 嫩香椿芽择洗干净，用开水焯5分钟，捞出沥干，切碎。豆腐用清水冲一下，放开水锅中煮2~3分钟，捞出沥干，切块。
2. 将香椿芽碎和豆腐块拌匀，淋上香油即可。

营养师支招

香椿芽拌豆腐含有优质蛋白质，参与骨细胞的分化和大脑的发育，对健骨增高有益。还含有香椿素，其挥发性气味有助于开胃、健脾。

燕麦猪肝粥

材料 燕麦 35 克，猪肝 50 克。

做法

1. 燕麦去杂质洗净，放入锅内，加适量水煮熟至开花，捞出。

2. 猪肝剔去筋膜后切片，用清水浸泡 30～60 分钟，中途勤换水。泡好的猪肝片用清水反复清洗，最后用热水再清洗一遍，放入蒸锅，水开后大火蒸 20 分钟左右。

3. 把蒸好的猪肝片放入碗中研碎，和煮开花的燕麦一起放入小奶锅中，加适量水，中火熬煮成粥即可。

营养师支招

燕麦猪肝粥含有丰富的蛋白质、维生素 B_2、维生素 E，以及磷、铁、钙等，可促进宝宝成长，还有助于预防宝宝便秘。

促成长
防便秘

健脾和胃

宝宝脾胃功能强，抵抗力就强，就不容易生病；相反，如果宝宝脾胃虚弱，就不能很好地吸收营养物质，从而不能保证宝宝有充足的营养供应，这样很容易导致宝宝身体出现问题，易得病。因此，保证宝宝的脾胃健康也是爸爸妈妈们的一大功课。各类营养素中，维生素 A 对于胃肠上皮的正常形成、发育与维持有很大的作用，对胃黏膜有很好的保护作用。

饮食加分法则

1 食物容易消化，食物的大小、软硬度、易消化程度合理。

2 多吃富含维生素 A 的食物，如卷心菜、甘蓝、猪肝等。

3 维生素 E、维生素 K 有护胃的作用，应多吃富含此类营养物质的食物。

饮食减分法则

1 经常给宝宝吃性寒偏冷的食物。

2 给宝宝吃油腻的食物。油腻的食物除了消化不充分之外，还可能导致宝宝肠道内的菌群失调，对肠胃产生不良影响。

健脾和胃小窍门

家长每日给小儿按摩足三里穴（位于两小腿外侧，膝眼下三横指胫骨外）10～15 分钟，可以增强小儿的消化系统功能，促进消化和吸收。

经常带宝宝出去散散步，晒晒太阳，运动运动，有助于增强宝宝的食欲，同时对脾胃也会起到相应的调节作用。

宜吃的食物

红枣
维生素 C 的含量很可观，被视为健脾和胃的滋补品。

香菇
富含维生素 D，且香菇有益胃助食的功效。

芒果
胡萝卜素和维生素 C 含量很丰富，而且芒果本身也有益胃的作用。

南瓜
南瓜中含有果胶，可以保护胃肠道黏膜，还能促进胆汁的分泌，加强胃肠蠕动，助消化。

草莓汁

材料 新鲜草莓 200 克。

做法
1. 草莓洗净，去蒂，切丁。
2. 将草莓丁放入榨汁机中，加入适量温开水，搅打
   成汁即可。

营养师支招

草莓具有润肺、健脾胃、清热消暑的良好功效，此汁非常适合宝宝在夏季饮用。

健脾胃
清热润肺

二米南瓜糊

暖脾胃
促进代谢

材料 大米 30 克，糯米 30 克，南瓜 20 克，红枣 10 克。

做法

1. 大米、糯米洗净，浸泡 1 小时。南瓜洗净，去皮，除子，切粒。红枣洗净，去核，切碎。
2. 将大米、糯米、红枣碎和南瓜粒倒入豆浆机中，加水，按"米糊"键，煮至提示米糊做好即可。

营养师支招

糯米有暖脾胃、补中益气的作用，适合脾胃虚寒、食欲缺乏的宝宝食用，搭配南瓜、红枣做糊，有益脾胃、促进宝宝新陈代谢的作用。

益肝和胃
滋润养颜

燕麦木瓜红枣羹

材料 木瓜半个，燕麦片半碗，红枣 8 粒。

做法

1. 木瓜削皮去籽，切丁。红枣洗净，拍扁去核。
2. 锅中加水煮开，放入红枣煮 10 分钟，待红枣出味，放入燕麦片，稍加搅拌。
3. 待沸腾后，倒入木瓜丁即可食用。

营养师支招

燕麦木瓜红枣羹有益肝和胃、通便利尿的作用。

芒果果酱

材料 芒果 500 克，柠檬 1 个。

调料 麦芽糖适量。

做法

1. 柠檬洗净榨汁。芒果去皮和籽，切大块。
2. 将切好的芒果肉放进锅中，加入柠檬汁，中火煮沸，转成小火。
3. 加入麦芽糖继续熬煮，用木勺不停地搅拌。
4. 待麦芽糖溶化后，拌煮至浓稠状即可食用。

营养师支招

芒果具有益胃、解渴利尿的功效，常用于胃阴不足、口渴咽干、胃气虚弱等的预防和缓解。

益胃
解渴利尿

益肠胃

香菇白菜包

材料 香菇 200 克，面粉 300 克，肉末 150 克，白菜 300 克。

调料 植物油适量。

做法

1. 面粉和成面团，盖好，发一会儿。白菜洗净，切碎。香菇用热水泡开切碎。
2. 将白菜碎、香菇碎和肉末放入碗中，加入少许油拌匀成馅料。面揉成剂子，擀圆皮，包入馅料，入蒸锅蒸熟即可。

营养师支招

香菇白菜包对宝宝的消化系统有很好的补益效果。

增强
免疫力

免疫力的强弱直接影响宝宝对疾病的抵抗能力——强者，不易生病，过敏症状少，有利于宝宝健康地发育；弱者，会经常生病，食欲下降，营养跟不上，从而导致生长发育受到严重影响，甚至给以后埋下隐患。因此，妈妈们要在日常的饮食中，给宝宝适当增加能提高免疫力的食物。与人体免疫相关的主要营养素有维生素 A、维生素 C，以及铁、锌、硒等。

饮食加分法则

1 宝宝的饮食多样化，营养丰富，没有出现偏食和厌食。

2 多吃富含蛋白质、维生素、铁、锌、硒等营养物质的食物，提高宝宝的免疫力。

3 让宝宝多喝水，白开水最好，或者有营养的蔬果汁也可以。

4 多给宝宝吃一些维生素含量丰富的水果和蔬菜，增强宝宝抵抗力。

饮食减分法则

1 让宝宝吃过甜的食物。甜食会影响宝宝的食欲，导致食欲下降，进而间接导致宝宝免疫力下降。

2 给宝宝吃过于油腻的食物。除了不能充分消化之外，吃得过于油腻还可能导致宝宝肠道内的菌群失调，对肠胃产生不良影响。

增强免疫力小窍门

父母要努力为宝宝创建一个和睦的家庭氛围，这可激发宝宝免疫系统的活力，使免疫力维持在一个良好的状态，从而使宝宝能够得到充分的保护。

若宝宝感染的情况不是很严重，尽量不要用抗生素，试着靠宝宝自身的抵抗力来对抗，这样能使宝宝的免疫系统得到很好的锻炼。

宜吃的食物

胡萝卜
其中的胡萝卜素能促进免疫球蛋白的合成，提高免疫力。

鱼肉
其中的锌元素可提高免疫力，减少感冒的发生。

西蓝花
维生素 C 含量高，能提高宝宝的免疫功能，增强体质，增强抗病力。

番茄
其中的维生素 C 能帮助宝宝增强体质，增强抗病力。

宝宝增强免疫力营养餐

圆白菜西蓝花粥

材料 圆白菜、西蓝花各10克，洋葱5克，麦粉15克。

调料 橄榄油少许。

做法

1. 圆白菜取心部，捣碎。西蓝花去部分根部，洗净，切小块。洋葱去老皮，洗净，切碎。锅中放入橄榄油烧热，炒洋葱和西蓝花。

2. 将麦粉加入水中搅匀，混合后倒入锅中，充分搅拌后用大火煮5分钟，加入圆白菜、洋葱、西蓝花，然后调小火，边煮边用勺子搅拌，粥熟即可食用。

营养师支招

西蓝花有很好的提高宝宝免疫力的功效，而且也是十大健康食物之一。因此，家长们应该让宝宝尽量多食。

提高免疫力

苹果西芹胡萝卜汁

材料 苹果 150 克，西芹、胡萝卜各 50 克。

做法

1. 苹果洗净，去核，切块。西芹洗净，去叶，切小段。胡萝卜洗净，切块。
2. 将备好的材料和适量水一起放入果汁机中搅打均匀即可。

营养师支招

胡萝卜有补肝护肺、清热解毒和增强免疫力的功效；苹果有促进排便，防止宝宝出现便秘的作用；西芹有养血补虚的作用。

清热解毒
促进排便

增强体质

薯泥鱼肉羹

材料 土豆 20 克，鳕鱼肉 10 克。

做法

1. 土豆削去外皮，洗净，切块。鳕鱼肉洗净。
2. 土豆入蒸锅蒸熟软，鳕鱼肉放入煮锅中，加冷水没过鱼肉，大火煮熟，捞出。
3. 将蒸熟的土豆和鱼肉放入碗中，压碎成泥。
4. 取 2 茶匙鳕鱼汤倒入土豆鳕鱼泥中，搅拌均匀呈黏稠状即可。

营养师支招

土豆含有丰富的维生素、微量元素，鳕鱼富含蛋白质、维生素 A、维生素 D，因此食用该肉羹能促进宝宝的生长发育。

猕猴桃橘子汁

材料 猕猴桃 150 克，橘子 150 克。

做法

1. 猕猴桃去皮，切小块。橘子去皮，切小块。
2. 将上述食材放入果汁机中，加入适量饮用水搅打均匀即可。

营养师支招

猕猴桃和橘子均富含维生素 C，能够促进人体对铁的吸收，参与造血功能，保护细胞。经常给宝宝喝些猕猴桃橘子汁，可以帮助宝宝增强免疫力。

增强
免疫力

健脾益胃
调理便秘

玉米番茄羹

材料 番茄 200 克，鲜玉米粒 200 克。

调料 玉米淀粉、香菜末、奶油各适量。

做法

1. 番茄洗净，去皮切丁。玉米粒洗净。
2. 锅中加水烧沸，下入玉米粒、番茄丁大火煮开，改小火，慢慢倒入奶油稍煮，用玉米淀粉勾芡，撒上香菜末即可。

营养师支招

番茄富含番茄红素、维生素 E、维生素 C 等，有提高免疫力的作用；玉米中含有维生素 E、维生素 B 族、维生素 C 等多种营养成分，具有健脾益胃、防治便秘、提高抵抗力等作用。

排毒利便

膳食纤维被誉为"血液净化剂"和"胃肠清道夫"，能够帮助机体清除肠壁上的废物；烟酸能促进机体新陈代谢，增强解毒功能；维生素 A、维生素 C 等能够帮助机体顺利排毒，预防便秘。妈妈们平时要注意给宝宝增加富含这些营养素的食物，它们对促进宝宝身体的排毒及预防宝宝便秘有很大的作用。

饮食加分法则

1 饮食清淡、易消化。

2 适合宝宝吃的富含膳食纤维的食物要适当多给宝宝吃，促进胃肠的蠕动。

3 多食蔬果，此类食物容易被消化吸收，不易在体内聚集。

4 保证宝宝每天有充足的水分摄入，有助于促进食物的消化和尿液的排泄。

5 少量给宝宝喝一些性温的花草茶，有助于活血散瘀，如薄荷茶、玫瑰茶等。

饮食减分法则

1 让宝宝常吃油炸食品。油炸食品本身就含有很多不利于宝宝身体健康的毒素，加上它们不易被排出体外，因此非常不利于宝宝的健康。

2 常给宝宝吃加工食品。加工食品如香肠、肉松等，其中的亚硝酸盐含量较高，容易致癌。

排毒利便小窍门

不要口对口地给宝宝喂食，爸爸妈妈口腔中常带有细菌和病毒。

爸爸妈妈们适当给宝宝进行腹部按摩：以肚脐为圆点，用掌心贴宝宝肚脐外顺时针按摩 10～15 下，然后沿逆时针方向按摩 10～15 下。每天饭前 30 分钟或饭后 1 小时按摩，会有很好的效果。

宜吃的食物

绿豆
性寒味甘，有清热解毒、消暑利尿的作用。

黄瓜
含有丙醇二酸、葫芦素、膳食纤维，能促进人体的新陈代谢，排出毒素。

红薯
富含膳食纤维，能刺激肠胃蠕动、通便排毒。

香蕉
富含钾，对于胃肠蠕动过缓引起的便秘有很好的缓解作用。

宝宝排毒利便营养餐

西瓜黄瓜汁

材料 黄瓜 100 克，西瓜 150 克。

做法

1. 黄瓜洗净，切丁。西瓜去籽，切块。
2. 将黄瓜丁和西瓜块放入果汁机中，加适量饮用水搅打成汁即可。

营养师支招

黄瓜能促进人体新陈代谢，帮助排出毒素；西瓜可助消化，促进代谢。

促进新陈代谢、助消化

缓解便秘

香蕉菠萝酸奶蜜

材料 菠萝 1/4 块，香蕉 1 个，酸奶适量。

做法

1. 菠萝块洗净，切成小块，用淡盐水泡 10 分钟，捞出。
2. 香蕉剥皮，切成小块。
3. 香蕉块、菠萝块和酸奶一同放入搅拌机中打成汁即可。

营养师支招

此款饮品有润肠的功效，能帮助通便，而且口味香甜，能促进宝宝的食欲。

红薯酸奶

材料 红薯 100 克，原味酸奶 40 克。

做法

1. 红薯去皮，放清水中略泡。
2. 将红薯放入耐热容器中，加清水，包上保鲜膜，微波炉加热至熟。
3. 将熟的红薯取出，趁热碾成泥。
4. 碗中倒入原味酸奶，放入晾凉的红薯泥搅拌均匀即可。

营养师支招

红薯有促进排便的功效，对胃也有温养作用；酸奶对宝宝的肠道有很好的调理作用，能减少便秘的发生。

促排便
温胃

雪梨苦瓜饮

材料 雪梨1个，苦瓜半个。

做法

1. 雪梨洗净，去皮，切小块。苦瓜洗净，去瓤，切小丁。
2. 将备好的食材放入果汁机中，加入少量清水，打成汁即可。

营养师支招

雪梨和苦瓜都有清热祛火的功效。雪梨含水量丰富，有通便的作用；苦瓜能快速排毒，减少毒素在体内的堆积。

清热下火
促进排毒

清热解毒

绿豆山药饮

材料 绿豆1小碗，山药1段。

做法

1. 绿豆洗净。山药去皮，洗净切丁。
2. 入锅加水，放入绿豆大火煮开，用中火继续煮15分钟直到绿豆开花。
3. 山药加水煮沸，熬5分钟，用搅拌机打成糊。
4. 将山药糊加到绿豆汤中煮开拌匀即可。

营养师支招

绿豆有很好的清热解毒作用，山药能调理肠胃，适合宝宝适当多食。

明目护眼

眼睛是心灵的窗户,一双健康明亮的双眸,对宝宝的重要意义不言而喻。维生素A、维生素B族、维生素C、维生素D、钙、硒等营养素,对宝宝的视力有着不可忽视的积极作用,其中以维生素A作用最大,能帮助宝宝形成感光色素,维持正常的视觉反应,预防视力减退。

饮食加分法则

1 营养丰富、均衡、多元化。

2 多吃富含胡萝卜素、维生素A的食物,如胡萝卜、番茄、鱼肉等,对宝宝视力有很好的维护作用。

3 瓜果蔬菜含有丰富的维生素和矿物质,是宝宝的优选食物。维生素A能缓解视疲劳、补肝明目;维生素C有助于维持晶状体的正常结构。

饮食减分法则

1 给宝宝吃过多的温热、油腻食物。眼睛喜凉,食用过多热性食物会给眼睛带来不良的影响,使宝宝容易出现视疲劳。

2 常给宝宝吃甜食、辛辣食物。甜食吃得过多会造成血钙的降低,影响眼球壁的坚韧性。

明目护眼小窍门

绿色对眼睛有舒缓作用,可以选择到空气较好且绿树较多的地方,抱着宝宝多走动走动。

宜吃的食物

猪肝
富含维生素A、铁、锌等,是理想的补肝明目食品。

胡萝卜
含有丰富的胡萝卜素,对于眼部滋养有很大的帮助。

蛋黄
含有叶黄素和玉米黄素,两者具有很强的抗氧化作用,可起到保护眼睛的作用。

牛肉
性平,味甘,能补血养肝明目,预防夜盲症。

西蓝花汁

材料 西蓝花50克，芹菜叶5片，苹果100克。

做法

1. 西蓝花洗净，切小块。芹菜叶洗净，切碎。苹果洗净，去皮、核，切小块。

2. 将上述食材倒入全自动豆浆机中，加入适量凉饮用水，按下"果蔬汁"键，搅打均匀后倒入杯中即可（可根据需要加入冰块饮用）。

营养师支招

此果汁适合宝宝在夏季饮用，可调理肠胃，还能保护宝宝视力。

保护视力
调理肠胃

猪肝瘦肉泥

材料 猪肝 30 克,猪瘦肉 15 克。

调料 葱花、盐、香油各适量。

做法

1. 猪肝洗净,切小块,捣成泥。猪瘦肉洗净,剁碎成泥。

2. 将肝泥和肉泥放入碗内,加入少许水和香油、盐,拌匀后放入蒸笼蒸熟。

3. 蒸好后取出,撒上少量葱花即可。

营养师支招

猪肝中含有丰富的维生素 A、锌和铁,有很好的补肝明目效果;猪瘦肉中富含多种人体必需的氨基酸、矿物质,能很好地补充体力。

补肝
明目

蛋黄粥

健脑益智
养眼护眼

材料 大米 50 克，蛋黄 1 个。

做法

1. 将大米淘洗干净，放入锅内，加入清水，用大火煮沸，再转小火熬至粥黏稠。
2. 将蛋黄放入碗内，碾碎后加入粥锅内稍煮即可。

营养师支招

此粥能够给宝宝提供丰富的益智健脑、养眼护眼的营养物质，如卵磷脂、维生素 A、叶黄素、单不饱和脂肪酸等。

保护视力

牛肉土豆泥

材料 土豆 1 个，番茄半个，牛肉 20 克。

做法

1. 土豆洗净，去皮，切块。番茄洗净后，去皮，切小块。牛肉洗净，切成末。
2. 将准备好的食材各自蒸熟，土豆和番茄捣碎。
3. 将食材碎调在一起拌匀，搅成泥即可。

营养师支招

本品含有丰富的蛋白质、维生素 A、膳食纤维等，能健脾胃、保护宝宝视力，有很好的补益效果。

乌发护发

头发是健康的"晴雨表"，通过它，妈妈们可以大致了解宝宝身体健康状况，当然头发还能保护头皮，减少损伤。除蛋白质、维生素 C、维生素 E 和维生素 B 族等营养头发的基本营养素外，铜是合成黑色素必不可少的元素，锌在毛发美化方面有重要作用。其他相关营养物质还包括酪氨酸、泛酸、铁、碘等。

饮食加分法则

1 让宝宝合理地进食，营养充分，搭配科学。

2 多给宝宝喂食蛋类、豆类或豆制品等富含蛋白质的食物，促进头发健康。

3 维生素B族、维生素C含量丰富的食物，对宝宝头发呈现自然光泽有不可替代的作用，妈妈们可以选择诸如水果、小米等食物给宝宝食用。

4 甲状腺素能保持头发的光泽度，所以可以适当给宝宝添加一些含碘量高的食物，使得甲状腺素能正常分泌。

饮食减分法则

1 让宝宝吃油腻油炸的食品。这类食品可造成头皮油腻，影响头发的正常生长。

2 常给宝宝吃甜食。甜食吃得过多会造成头发稀疏、发质脆弱易断等。

乌发护发小窍门

平时多给宝宝轻轻地按摩头皮，能促进头部血液循环，有利于头发的健康。

宜吃的食物

黑芝麻
富含维生素、蛋白质、铁、铬等，多吃黑芝麻能预防头发过早变白。

鱼类
能减少宝宝头皮出油，使头发干爽。

海带
富含碘元素，食用它可增加头发的光泽和柔韧性。

核桃
可使头发变得更健康、强韧、黑亮。

香蕉黑芝麻糊

材料 黑芝麻200克，香蕉2根。

做法

1. 黑芝麻去杂后，洗净，炒熟，碾碎。香蕉剥皮，切段。
2. 将上述食材倒入豆浆机中，加入适量白开水，搅拌成糊即可。

营养师支招

香蕉搭配黑芝麻，有润肠通便、补养肝肾、乌发护发的效果。

润肠通便
乌发护发

西芹海带黄瓜汁

材料 西芹 50 克，黄瓜 200 克，水发海带 25
克，柠檬 50 克。

做法

1. 西芹择洗干净，切小段。海带洗净，焯熟，
   切碎。黄瓜洗净，切小块。柠檬洗净，去皮
   和籽，切小块。
2. 将上述材料和适量饮用水一起放入果汁机中
   搅打均匀即可。

营养师支招

此饮品能够清热解毒、消肿利尿、提高宝宝免
疫力，还能促进宝宝头发健康强韧。

清热解毒
强韧头发

健脾利水
乌发

荠菜黑豆粥

材料 大米 30 克，荠菜 250 克，黑豆 60 克。

做法

1. 荠菜去杂，洗净，切末。黑豆用温水浸泡 4
   小时，洗净。大米淘净。
2. 将大米与黑豆一起放入煮锅内，加适量清水，
   大火煮开，转用小火煮至米豆八成熟，后加
   入荠菜碎，继续煮至米开花、豆熟烂即可。

营养师支招

荠菜中维生素 C 和胡萝卜素的含量较为丰富，
有助于增强机体免疫力，具有健胃消食的作用。
搭配黑豆一同食用，有健脾利水、乌发的功效。

黑米核桃糊

材料 黑米 60 克，核桃仁、大米各 25 克。

做法

1. 黑米、大米淘洗干净，用清水浸泡 2 小时。核桃仁切碎。
2. 将全部食材倒入豆浆机中，加水至上、下水位线之间，按下"米糊"键，煮至豆浆机提示米糊做好即可。

营养师支招

核桃中含有丰富的维生素 E 和不饱和脂肪酸，多食能健脑、增强记忆力，有利于头发健康生长，搭配黑米和大米一起食用，可补中益气、增强体质。

增强体质
促进生发

健脑益智
乌发

黑芝麻南瓜汁

材料 南瓜 200 克，熟黑芝麻 50 克。

做法

1. 南瓜去子，洗净，切小块，放入蒸锅中蒸熟，去皮，晾凉备用。
2. 将南瓜和黑芝麻放入果汁机中，加入适量饮用水搅打均匀即可。

营养师支招

南瓜富含膳食纤维、维生素等，可润肠通便，增强宝宝免疫力；黑芝麻中含有蛋白质、卵磷脂、不饱和脂肪酸等，常食可让宝宝头发乌黑明亮，还可预防宝宝便秘，活化脑细胞，健脑益智。

清热祛火

中医学认为，小儿体质偏热，肠胃功能正处于发育阶段，消化与吸收等多方面的功能尚稚嫩，加上自身调节能力较弱，以及食物搭配不科学，很容易引起上火。春季乍暖还寒、气候干燥，宝宝体温调节中枢功能不完善，也容易上火，出现发热、烦躁、嘴唇干裂、腹泻或便秘等症状。食物中的柠檬酸、维生素，以及纤维素、钾等营养素，有降燥、清凉、解热的功效。

饮食加分法则

1 饮食要清淡、易消化。

2 适当多给宝宝吃能清热解毒的食物，如梨、猕猴桃、苦瓜等。

3 可以选择合适的清凉营养汤给宝宝喝。

4 让宝宝多喝水，喝水对祛火有很好的效果。

饮食减分法则

1 给宝宝吃温热的食物。如果宝宝体质偏热，温热的食物更会加重宝宝的体内积热，不利于宝宝健康。

2 选择油腻、辛辣刺激的食物给宝宝吃。这类食物有生热的作用，不仅不利于降火，反而会"火上浇油"。

清热祛火小窍门

妈妈要让宝宝从小养成良好的生活习惯和排便习惯，对防止宝宝便秘、减少宝宝体内的燥气和毒素很有益处。

春季带宝宝到户外适当地活动活动，可以促使宝宝体内的积热发散，提高宝宝的抗病能力。

宜吃的食物

金银花
被誉为清热解毒的良药，其性寒，味甘，气芳香，甘寒清热不伤胃，芳香透达祛邪气。

绿豆
具有疏风清热、明目解毒之功效。

薏米
是缓和的清热祛湿之品，可健脾益胃，补肺清热，祛风渗湿。

西瓜
富含脂肪酸、蛋白质、维生素E、钙等，有降燥清凉的作用。

宝宝清热祛火营养餐

百合薏米糊

材料 薏米 50 克，鲜百合 30 克。

做法

1. 薏米淘净，清水浸泡 2 小时。鲜百合洗净，剥成小片。
2. 将薏米、百合倒入全自动豆浆机中，加水至上、下水位线之间，按下"米糊"键，煮至提示米糊做好即可。

营养师支招

此薏米粥能起到清火祛热、润肺止咳的良好效果，对于肺热引起的咳嗽有辅助缓解作用。

清火润肺

生菜西瓜汁

材料 生菜 100 克，西瓜（去皮）50 克。

做法

1. 生菜洗净，切小片。西瓜去籽，切小块。
2. 将生菜和西瓜放入果汁机中，加入适量饮用水搅打均匀即可。

营养师支招

西瓜能够清热解毒，生津止渴；生菜可以消除疲劳，舒缓情绪，因而该饮品特别适合宝宝在夏季情绪不好的时候饮用。

清热解毒
生津止渴

果珍冬瓜

材料 冬瓜 50 克。

调料 橙味果珍粉适量。

做法

1. 冬瓜洗净，去皮，切成小块，焯熟，捞出。
2. 将冬瓜块放入碗内，加果珍粉搅拌均匀，盖好。
3. 放入冰箱冷藏 2 小时，使冬瓜充分吸收果珍汁，取出，待温度适宜后，即可食用。

营养师支招

冬瓜含有充足的水分，能利尿通便，而冬瓜本身性偏凉，能够起到消火的作用。

利尿通便
消火

薄荷西瓜汁

材料 西瓜 200 克，薄荷叶 3 片。

做法

1. 西瓜去皮，去籽，切小块。薄荷叶洗净。
2. 将上述食材倒入全自动豆浆机中，按下"果蔬汁"键，搅打均匀后倒入杯中即可。

营养师支招

此果汁有消炎降火、预防感冒的作用，非常适合宝宝饮用。

预防感冒

猕猴桃薏米粥

材料 猕猴桃 40 克，薏米 100 克。

做法

1. 猕猴桃去皮，洗净，切成小丁。薏米淘净。
2. 锅中加水，倒入薏米烧开，大火熬 40 分钟。
3. 倒入猕猴桃丁，搅匀即可。

营养师支招

猕猴桃富含维生素 C，可以提高宝宝免疫力，与薏米搭配食用，凉热平和，可预防细胞癌变，对健康很有益处。

提高
免疫力

抗霾养肺

因为婴幼儿尚处于发育阶段，身材矮小，抵抗力较弱，肺部较脆弱，肺部功能还没有发育完善，而雾霾天空气中污染物颗粒较多，容易导致呼吸系统尚未发育完善的宝宝患上各种呼吸系统疾病。

饮食加分法则

1 按照中医学五色入五脏的说法，白色食物润肺、清肺效果最佳。可以用白色食物做可口的养肺抗霾辅食，来保护宝宝的肺。6个月大的宝宝可以吃大米，7~8个月大的宝宝可以吃圆白菜心、梨等，9~10个月大的宝宝可以吃豆腐等。此外，葡萄、石榴、柿子和柑橘虽然不是白色的，但也都是不错的养肺水果。

2 秋季润肺多喝水。秋季气候干燥，宝宝的身体容易丢失大量水分，要及时补足这些损失，以保持呼吸道的正常湿润度。还可提高室内湿度，保持呼吸道湿润。

饮食减分法则

吃肥腻、口味重的食物。宝宝应少吃一些肥腻、口味重（过咸或过甜）的食物，羊肉等热性食物也要少吃，以免引起肺部燥热。

抗霾养肺小窍门

雾霾天应尽量少开窗户，以减少从外部环境中进入室内的颗粒物。应当选择中午阳光较充足、污染物较少的时候将窗户打开一条缝，不让风直接吹进来，通风10~15分钟即可。家长外出回家后应首先换掉外套和裤子，洗脸洗手，将室外的颗粒物清洗掉。如果宝宝也出门了，回家后家长应先给宝宝洗手、洗脸等，做好清洁工作。

宜吃的食物

圆白菜
含有萝卜硫素，有助于清除肺部有害细菌，使肺部清洁。

菠菜
含有叶绿素，可以增强机体的抵抗力，减轻某些化学毒物的致突变作用。

胡萝卜
所含的胡萝卜素可在体内转化为维生素A，可以保护呼吸道黏膜细胞，维持其正常形态与功能，还可防止黏膜受细菌侵害。

宝宝抗霾养肺营养餐

白萝卜汤

材料 白萝卜 200 克。

调料 姜片适量。

做法

1. 白萝卜洗净，切小片，同姜片一起放入锅中。
2. 锅中加适量水，大火煮至白萝卜片熟即可。

营养师支招

白萝卜汤不仅可以清热降火、止咳化痰，还可促进肠胃蠕动，有助于消化。

止咳化痰
清热降火

薏米雪梨粥

材料 薏米、大米各 15 克，雪梨半个。

做法

1. 将薏米淘洗干净，浸泡 4 小时。大米淘洗干净，浸泡 30 分钟。雪梨洗净，去皮，除核，切丁。
2. 锅中放入薏米、大米和适量清水，大火煮开后，转小火煮至米粒熟烂，再放入雪梨丁煮开即可。

营养师支招

雪梨是公认的润肺食物，而富含维生素 E 的薏米也可保护肺部健康。二者搭配食用，润肺效果更好。

保护肺部
健康

百合粥

材料 鲜百合 15 克，大米 25 克。

做法

1. 鲜百合、大米分别用清水洗净，大米浸泡 30 分钟。
2. 锅置火上，加适量水，放入大米，大火烧沸，再放入鲜百合，转小火煨 30 分钟左右即可。

营养师支招

百合入心、肺经，性寒，能帮助宝宝滋阴润肺。

清心润肺

补肺化痰

白萝卜山药粥

材料 白萝卜 30 克，山药 15 克，大米 25 克。

调料 香菜末 4 克。

做法

1. 白萝卜洗净，去皮，切小丁。山药洗净，去皮，切小丁。大米淘洗干净，浸泡 30 分钟。
2. 锅置火上，加适量清水烧开，放入大米，用小火煮至八成熟，加白萝卜丁和山药丁煮熟，撒上香菜末即可。

营养师支招

白萝卜能止咳化痰，清除肺内积热；山药能健脾补肺。两者合用，可化痰止咳。

胡萝卜小米糊

材料 胡萝卜、小米各 40 克。

做法

1. 小米洗净后放入料理机中磨碎，放入锅中，加适量水熬成糊。
2. 胡萝卜洗净，去皮，切块，蒸熟后压成泥。
3. 将胡萝卜泥放入盛有小米糊的锅中，搅拌均匀，稍煮后出锅即可。

营养师支招

小米和胡萝卜中都富含胡萝卜素，二者搭配可以调节宝宝免疫力，促进宝宝视力发育。

保护视力

增强
抵抗力

双花菜泥

材料 西蓝花、菜花各 50 克。

做法

1. 西蓝花和菜花取花冠部分，放入淡盐水中浸泡 20 分钟，再用流动的水冲洗干净。
2. 起锅烧水，水开后放入菜花和西蓝花，煮至全熟后捞出，放入榨汁机中，加少许温水打成泥糊即可。

营养师支招

西蓝花和菜花都富含钾、镁、钙、维生素 C 等，能够帮助宝宝增强抵抗力。

常见问题调理

发热

发热也叫发烧，本身并不是一种疾病，只是疾病的一种症状。事实上，它是身体为了抵抗病毒与细菌所产生的一种保护性反应。

饮食加分法则

1 坚持母乳喂养。宝宝发热时，妈妈要继续母乳喂养，并增加次数、延长时间。人工喂养的话可以将配方奶冲稀一点，或多喂一些白开水。

2 体温上升期选择易于消化的辅食。发热时，给宝宝添加的辅食应易于消化，以流食或半流食为主，两餐之间喂一些白开水、绿豆汤、果汁等。

3 体温下降、食欲好转时改半流质饮食或软食，如藕粉、稠粥、鸡蛋羹、面片汤等，以清淡、易消化为饮食原则，少食多餐。

饮食减分法则

强迫进食。有些妈妈认为发热会消耗营养，于是强迫宝宝吃东西，其实这样做会适得其反，反而让宝宝倒胃口，甚至引起呕吐、腹泻等，加重病情。

预防发热小窍门

如果给宝宝穿太多而喝水又太少，很容易引起发热，尤其是夏天。宝宝的新陈代谢比成人旺盛，加上蛋白质摄入较多，产热较多，通过皮肤的散热才能释放出来，这时候就需要适当多给宝宝喝些水。另外，宝宝脾虚积食等因素也能引起发热，爸爸妈妈要注意宝宝饮食适当，干净卫生。

宜吃的食物

西瓜
具有清热解暑、除烦止渴的功效。

苹果
富含维生素 C，能帮助提高免疫力、缓解不适。

葡萄
含有大量的水分和钾元素，能够补充因发热而丢失的水分及钾元素。

猕猴桃
含有大量的维生素 C，可以增强宝宝免疫力，缓解发热症状。

雪梨汁

材料 雪梨1个。

做法

1. 将雪梨洗净，去皮、核，切成小块。
2. 将雪梨块放入榨汁机，加适量水榨成汁即可。

营养师支招

本品具有清热、润肺、止咳的作用，适用于发热伴有咳嗽的宝宝。由于梨有一定的酸度，打成汁后会更酸，所以给1岁以内的宝宝喝的雪梨汁应多过滤几次，口感会好一点。

清热润肺

促进散热

苹果汁

材料 苹果50克。

做法

1. 苹果洗净，去皮、核，切小块。
2. 将苹果块放入榨汁机中，加入适量饮用水，搅打均匀即可。

营养师支招

苹果含有维生素C，可以补充营养，还可以中和体内毒素，促进身体散热、降温。注意，一定要保证苹果本身的品质和新鲜度。对于从来没有喝过苹果汁的小宝宝来说，最好从1汤匙的量开始喂。

葡萄汁

材料 葡萄 30 克，苹果 15 克。

做法

1. 将葡萄洗净，去皮，去籽。苹果洗净，削皮，去核，切块。
2. 将葡萄肉、苹果块分别放入榨汁机中榨汁，按1∶1的比例兑温水后即可饮用。

营养师支招

本品能补充因感冒、发热而失去的水分和钾。使用淘米水或是面粉水来清洗葡萄，可以较好地洗净其表面残留的农药及脏污。在清洗之前不要把葡萄蒂去掉，以免细菌从破皮的地方进入果肉。

补充
水分和钾

散寒发汗

芦根粥

材料 鲜芦根 15 克，大米 35 克。

做法

1. 芦根洗净，放入锅中，加适量水煮，取汁待用。
2. 锅中加适量水，倒入洗净的大米，熬至八成熟时，倒入芦根汁煮至粥熟即可。

营养师支招

芦根粥宜现做现食，不宜存放过久，适合外感风热的宝宝食用，每日 2~3 次。

西瓜番茄汁

材料 西瓜瓤 30 克，番茄半个。

做法

1. 西瓜去籽。番茄用沸水烫一下，撕皮，去籽。
2. 将滤网或纱布清洗干净，滤取西瓜和番茄中的汁液即可。

营养师支招

果汁因为口感好，宝宝会比较喜欢，但不能用其代替白开水，因其糖分和热量比较高，如果一整天都喝果汁，那么宝宝肥胖的概率也会随之增加。

清热解毒

荸荠绿豆粥

清热润肺

材料 荸荠 30 克，绿豆 40 克，大米 20 克。

调料 柠檬汁少许。

做法

1. 荸荠洗净，去皮切碎。绿豆洗净，用水浸泡 4 小时。大米洗净，用水浸泡 30 分钟。
2. 锅置火上，倒入荸荠碎、柠檬汁和清水，煮成汤水。
3. 另取锅置火上，倒入适量清水烧开，加大米煮熟，加入蒸熟的绿豆稍煮，倒入荸荠汤水搅匀即可。

感冒

小儿感冒多由受凉引起，所以爸爸妈妈平时一定要细心观察，随时摸摸宝宝的小手。1岁以内的婴儿感冒，发热时体温通常超过38℃，并出现咳嗽、眼睛红、嗓子痛、流鼻涕等症状，宝宝的食欲也会下降。另外，6个月内的宝宝还不会在鼻子完全堵塞的情况下呼吸，因而常常出现吃奶和呼吸困难。

饮食加分法则

1 感冒起始时多给宝宝喝白开水，到后期适量增加新鲜水果的摄取。

2 宝宝的饮食宜清淡、易消化，且要满足宝宝的营养需要，同时能够增进食欲。

3 红枣汁、鲜橙汁、西瓜汁等酸性果汁可以促进胃液分泌，增进食欲，同时还能提高宝宝的免疫力。

4 多食富含维生素C和维生素E的食物，能够很好地预防感冒。

饮食减分法则

1 给宝宝添加刺激性强的调味品，如咖喱粉、胡椒粉等。这些调料容易加重感冒症状。

2 宝宝患风寒感冒时吃生冷食物。生冷性凉的瓜果会加重宝宝的不适症状。

3 给宝宝吃滋补、油腻、酸涩的食物。这类食物不利于宝宝感冒症状的缓解，反而会加重病情，延长病程。

预防感冒小窍门

让宝宝规律作息，不熬夜，早睡早起，保证睡眠质量良好。

早、中、晚开窗通风，每次15分钟左右，这对保持居室内空气清新、抑制细菌滋生有良好作用。

避免在天热时给宝宝吃生冷食物、喝冰镇饮料，宝宝体质还很娇嫩，较脆弱。

宜吃的食物

猕猴桃
富含维生素C，可增强人体的免疫力，防治感冒。

樱桃
富含胡萝卜素、维生素C，能提高宝宝的免疫力，对抗感冒病毒。

洋葱
有杀菌功效，对春季流行性感冒、感受风寒邪气引起的感冒都有很好的治疗作用。

胡萝卜
胡萝卜富含胡萝卜素，对预防、治疗感冒有独特作用。

香橙胡萝卜汁

材料 胡萝卜100克，橙子150克。

做法

1. 胡萝卜洗净，去皮，切丁。橙子去皮，去籽，切丁。
2. 将食材放入果汁机中，加水搅打成汁，搅匀即可饮用。

营养师支招

胡萝卜富含多种维生素、胡萝卜素、氨基酸，是预防宝宝感冒的优选；橙子富含维生素C，能缓解感冒症状。两者搭配有提高宝宝免疫力的功效。

增强
免疫力

解热止咳
补充脑力

猕猴桃泥

材料 猕猴桃3个。

做法

1. 猕猴桃洗净，剥皮，取果肉。
2. 猕猴桃肉切成小块。
3. 猕猴桃块倒入料理机中，打成果泥即可。

营养师支招

除了能提高免疫力的效果之外，因猕猴桃性寒，味甘、酸，还具有解热止咳、通淋健胃的作用，并能促进宝宝对铁的吸收，有助于补脑。

樱桃酸奶饮

材料 樱桃 200 克，酸奶 300 克。

做法

1. 樱桃洗净，去梗，切成两半，去籽。
2. 将樱桃、酸奶一起放入果汁机中，搅打均匀即可。

营养师支招

樱桃中含有多种营养素，其中以维生素 C 和铁的含量较为突出，宝宝适量多吃，可提高抗病力，预防感冒和贫血。

预防感冒

补肝明目

羊肝胡萝卜粥

材料 大米、胡萝卜、羊肝各 50 克。

调料 植物油、葱碎各适量。

做法

1. 羊肝洗净，切碎。胡萝卜洗净，切碎。大米淘净。
2. 锅中倒油，加葱碎爆香，放入胡萝卜碎略炒后盛出。
3. 将大米倒入锅中，加水煮粥。
4. 待粥煮熟时，加入羊肝和胡萝卜碎，熬熟即可。

营养师支招

羊肝中维生素A、蛋白质、铁、钙、磷等含量丰富，能够补肝明目、防治贫血；胡萝卜中的胡萝卜素含量非常丰富，对眼睛也有很好的保护作用。

香芹洋葱蛋黄汤

材料 鸡蛋2个，干香芹10克，干洋葱40克。

调料 鸡汤、玉米淀粉各适量。

做法

1. 香芹洗净，切小段。洋葱洗净，切碎片。鸡蛋分离出蛋黄，将其打散。
2. 锅中加水，将鸡汤、香芹和洋葱放入锅中煮开。
3. 将蛋黄液慢慢倒入汤中，轻轻搅拌。
4. 玉米淀粉加水搅开，倒入锅中烧开，至汤汁变稠即可。

营养师支招

此汤具有发散风寒的作用，还能刺激胃肠分泌消化液，增进食欲、促进消化、提高智力等。

促进胃肠消化

活化免疫功能

香菇蒸蛋羹

材料 干香菇2朵，鸡蛋1个。

做法

1. 干香菇洗净，放入清水浸泡5分钟，切细丝。
2. 将鸡蛋磕入碗内打散，加香菇丝，倒入少量水搅拌均匀。
3. 将碗放入锅中，将鸡蛋蒸成羹即可。

营养师支招

香菇中富含硒元素，能活化免疫功能；鸡蛋可以促进宝宝智力发育，给宝宝提供丰富的营养物质。

咳嗽

咳嗽是宝宝最常见的呼吸道疾病症状之一。宝宝支气管黏膜娇嫩，抵抗病原体感染的能力差，很容易导致炎症，引发咳嗽。咳嗽是一种自我保护现象，也可能预示着宝宝身体的某个部位出了问题，提醒父母要注意宝宝的身体健康了。

饮食加分法则

1 喝足够的水来满足宝宝生理代谢的需要。充足的水分可帮助稀释痰液，使痰易于咳出。需要注意的是，绝不能用饮料来代替白开水。

2 补充维生素C有助于缓解咳嗽。补充维生素C可以减少咳嗽、打喷嚏及其他症状。补充维生素C最简便的方法就是吃橙子、葡萄柚等柑橘类水果。要注意，痰多的时候不宜吃酸味水果，因为酸能敛痰，使痰不易咳出。

饮食减分法则

1 多食过于咸甜的食物。吃过咸的食物易诱发咳嗽或使咳嗽加重，吃甜食易助热生痰，所以应尽量少吃。

2 吃寒凉食物。咳嗽时不宜让宝宝吃寒凉食物，尤其是冷饮或冰激凌等。身体一旦受寒，就会伤及肺脏。如果是由肺部疾患引起的咳嗽，吃寒凉食物后容易造成肺气闭塞，症状加重，日久不愈。

预防咳嗽小窍门

防止宝宝咳嗽，预防感冒是关键，所以平时要注意锻炼身体。只要天气晴朗、无风，除了新生儿，其他宝宝都要多进行户外活动。季节更替时，应适时为宝宝增减衣物，以防过冷或过热引起身体不适而诱发咳嗽。宝宝可以到户外接受阳光浴，也可以参加体育活动，增强体质，提高机体的抗病能力，避免呼吸道感染。

宜吃的食物

雪梨
所含的苷类及鞣酸等成分，能祛痰止咳、养护咽喉。

白萝卜
性凉，味甘、辛，具有润肺、止渴、化痰的作用。

百合
具有清肺止咳的功效。其鲜品中含黏液，有镇静止咳的作用。

银耳
性平，味甘，具有润肺化痰的功效，对肺热咳嗽有一定的辅助治疗效果。

梨水

材料 雪梨 50 克。

做法

1. 雪梨洗净，去皮、核，切片。
2. 锅内倒入水烧开，放入雪梨片，小火煮 15 分钟即可。

营养师支招

雪梨含有丰富的水分，具有清心润肺的作用。

清心润肺

胡萝卜苹果汁

材料 苹果 30 克，胡萝卜 20 克。

做法

1. 胡萝卜洗净，去皮，切成小块。苹果洗净，去皮、核，切块。

2. 将苹果块和胡萝卜块放进榨汁机中，加适量饮用水，打成汁即可。

止咳润肺

冰糖萝卜

材料 冰糖 5 克，白萝卜 100 克。

调料 蜂蜜少许。

做法

1. 白萝卜洗净，去皮，切成圆柱形，然后将每一个萝卜中间挖一个圆形的洞，把冰糖放到萝卜中间，入蒸锅，大火蒸 30 分钟。
2. 取出，放至温热，往每个萝卜中加入蜂蜜即可。

营养师支招

萝卜有止咳化痰的功效，加上具有润肺止咳功效的冰糖和蜂蜜，能辅助治疗宝宝因秋燥引起的咳嗽。

清肺止咳

改善阴虚久咳

蒸梨

材料 鸭梨 1 个，枸杞子 5 克。

做法

1. 将鸭梨用清水洗干净，然后用刀削掉顶部，再用小勺将内部的核掏出来。
2. 将梨肉挖出一些，放清水、枸杞子。
3. 梨放小碗内，上锅蒸 20 分钟即可。

营养师支招

蒸梨能滋阴润肺、止咳化痰、护咽利嗓。

肺炎

肺炎，顾名思义就是"肺部感染"了。虽然这种疾病在过去非常危险，但现如今，大多数宝宝只要获得恰当的治疗，都是可以康复的。本病多见于3岁以下的宝宝，且一年四季都可发病。

饮食加分法则

合理饮食。由于肺炎宝宝的消化功能会暂时下降，如果饮食不当会引起消化不良和腹泻。所以，爸爸妈妈应根据宝宝的年龄特点为其提供营养丰富、易于消化的食物。母乳喂养的宝宝仍以吃母乳为主，适量喝点水；配方奶喂养的宝宝可根据消化情况决定奶量；稍大点的宝宝可以吃些营养丰富、易于消化、清淡的食物，如面片汤、稀粥等。

饮食减分法则

乱服清热药。金银茶、青果、板蓝根冲剂等清热药，对肺炎患儿有益，但不能长时间服用，特别是体质较弱的宝宝，切勿轻易服用清热药，否则会伤及人体正气，使原来的症状加剧。

预防肺炎小窍门

给新生宝宝创造清洁的环境。在接触新生儿前应认真洗手，防止将病原体传给新生儿，引发肺炎；应尽量减少亲朋好友的探视，尤其是患有感冒等传染性疾病的人更不宜接触新生儿；最好每天给新生儿洗澡，但要避免皮肤破损，保持脐部清洁干燥，避免污染。疫苗接种是预防细菌性肺炎的最好方法，婴幼儿应及时接种卡介苗等疫苗。

宜吃的食物

百合
性微寒，味甘，有清肺止咳、清热利尿的功效。

山药
性平，味甘，有健脾补肺的作用，适合肺炎宝宝食用。

银耳
性平，味甘，有清肺化痰、养阴生津的功效，能缓解宝宝的肺炎症状。

雪梨
性凉，味甘、微酸，有润燥化痰、清热生津的功效，肺炎宝宝常食有好处。

宝宝肺炎调理营养餐

山药二米粥

材料 小米、大米各 50 克，山药 100 克，枸杞子 10 克。

做法

1. 枸杞子洗净。大米洗净，用水浸泡 30 分钟。小米洗净。山药去皮，洗净，搅碎。
2. 锅内倒入清水烧开，放小米、大米、山药丁，大火煮开后转小火熬煮 30 分钟，加枸杞子煮 10 分钟即可。

清肺益脾

胡萝卜山药粥

生津益肺

材料 胡萝卜、大米各 25 克，山药 40 克，排骨汤适量。

做法

1. 大米洗净，用水浸泡 30 分钟。胡萝卜和山药分别去皮，洗净，切块。
2. 胡萝卜块和山药块放入锅中蒸熟，捣碎。大米放入锅中加排骨汤煮熟。
3. 将胡萝卜碎和山药碎放入大米粥中稍煮，盛出即可。

雪梨大米粥

材料 雪梨1个，大米50克。

做法

1. 大米洗净，用水浸泡30分钟。雪梨洗净，去皮和核，切成薄片。

2. 锅内加适量清水，加雪梨片，大火煮开后转小火，煮10分钟，取雪梨汁。

3. 将雪梨汁倒入另一锅中，加入适量水，再加大米，大火煮开后转小火，煮40分钟至粥成即可。

生津润燥
清热化痰

百合莲子绿豆粥

材料 大米 50 克，干百合 10 克，绿豆、莲子各 25 克。

做法

1. 大米洗净，用水浸泡 30 分钟。干百合洗净，泡软。绿豆、莲子洗净后用水浸泡 4 小时。
2. 锅内加适量清水烧开，加入大米、莲子、绿豆煮开后转小火，煮 40 分钟后，加入百合煮 5 分钟即可。

润肺止咳
滋阴润燥

清热止咳

百合银耳豆浆

材料 黄豆 40 克，鲜百合、水发银耳各 10 克，绿豆 20 克。

做法

1. 黄豆用清水浸泡 8~12 小时，洗净。绿豆用清水浸泡 2 小时，淘洗干净。水发银耳择洗干净，撕成小朵。鲜百合分瓣，择洗干净。
2. 将上述食材倒入全自动豆浆机中，加水至上、下水位线之间，按下"豆浆"键，煮至豆浆机提示豆浆做好即可。

急性支气管炎

急性支气管炎，简称"急支"，是婴幼儿发病较多、较重的一种疾病，多见于6个月以下的宝宝，是呼吸系统常见病、多发病。如果治疗不及时或不彻底，会诱发支气管肺炎、支气管扩张、肺气肿、肺心病等，所以家长应细心看护宝宝，预防并发症的发生。

饮食加分法则

1 饮食清淡。宝宝的日常饮食应清淡、易消化、富有营养。白菜、菠菜、油菜、萝卜、胡萝卜、番茄、黄瓜、冬瓜等新鲜蔬菜，不仅能补充多种维生素和矿物质，而且具有清痰、祛火、通便等功能。

2 多喂水。宝宝患"急支"时多有不同程度的发热，应注意给患儿多喂水。可用糖水或糖盐水补充，也可用米汤、蛋汤补给。

饮食减分法则

1 食用海腥油腻。因"鱼生火、肉生痰"，故患有急性支气管炎的宝宝应少吃黄鱼、带鱼、虾、蟹、肥肉等，以免助火生痰。

2 食用刺激性食物。辣椒、胡椒、蒜、葱、韭菜等辛辣之物，均能刺激呼吸道使症状加重，菜肴调味也不宜过咸、过甜，冷热要适度。

预防急性支气管炎小窍门

保证宝宝有充足的睡眠和适当的休息。宝宝发病时应增加日间卧床休息的时间，以减少热量消耗，加快身体恢复。宝宝所处居室温度、湿度要适宜，如果室内太过干燥，可放一个加湿器以调节湿度。气温变化，尤其是寒冷的刺激可降低支气管黏膜局部抵抗力，导致支气管炎。因此，家长要随气温变化及时给患儿增减衣物。

宜吃的食物

百合
性寒，具有清肺止咳、祛痰平喘、清心安神的功效。

枇杷
具有健脾、益肺、理气化痰的作用，有效缓解支气管炎的症状。

豆腐
性凉，可清热润燥、利小便、解热毒，适用于痰喘、百日咳、支气管炎等。

黄瓜
不仅能补充多种维生素和矿物质，而且具有化痰、祛火、通便的作用。

宝宝急性支气管炎调理营养餐

百合银耳粥

材料 百合、干银耳各 10 克，大米 40 克。

做法

1. 将百合、银耳放入适量水中浸泡片刻，发好。
2. 大米淘洗干净，加水煮粥。
3. 将发好的银耳撕成小块，和百合一起冲洗干净，放入粥中，继续煮，待银耳和百合被煮化即可。

营养师支招

银耳滋润而不腻，百合润肺，搭配做成粥给宝宝食用，能预防因天气干燥引起的咳嗽

润燥止咳

百合枇杷藕羹

材料 小米、干百合各15克，枇杷、鲜藕各30克。

调料 水淀粉适量。

做法

1. 小米洗净。干百合洗净略泡。枇杷洗净，去皮、核。鲜藕洗净，去皮，切薄片。

2. 四者合煮将熟时放入适量水淀粉，调匀成羹即可。

营养师支招

百合为滋补肺阴之佳品，枇杷清肺止咳，鲜藕凉血而清气，对干咳无痰者有预防和辅助治疗的作用。

改善咳嗽

川贝杏仁饮

材料 川贝母6克，杏仁3克。

做法 将川贝母、杏仁加水煎煮即可。

营养师支招

川贝杏仁饮有润肺化痰、止咳平喘的作用。

止咳化痰

蒸百合

材料 百合 20 克。

做法

1. 将百合洗净晾干。
2. 将百合放入瓷碗中，入沸水锅中隔水蒸熟即可。

营养师支招

蒸百合能帮助润肺止咳，辅助调理小儿急性支气管炎，特别是入秋之后出现干咳，伴有大便秘结的宝宝适合食用。

润肺止咳

宁心安神

莲子百合鸡蛋汤

材料 莲子 20 克，干百合 10 克，鸡蛋 1 个。

做法

1. 将莲子与百合同放在砂锅内，加适量清水，小火煮至莲子肉烂。
2. 加入鸡蛋液搅匀成蛋花即可。

营养师支招

莲子百合鸡蛋汤有补益脾胃、润肺、宁心安神的功效。

鼻炎

鼻炎是鼻黏膜或黏膜下组织因为病毒感染、细菌感染、刺激物刺激等受损所引起的急性或慢性炎症，常导致过多黏液产生，引起流涕、鼻塞等症状。

饮食加分法则

1 维生素C有缓解过敏性鼻炎症状的作用，可以给孩子多食芥菜、菜花、苦瓜、番茄、猕猴桃、草莓、柑橘等富含维生素C的蔬果，但应避免给孩子食用会导致过敏的品种。

2 添加辅食要避免选择易致敏食物。

饮食减分法则

1 经常吃冰激凌、雪糕等冷饮。要给宝宝多吃温热的食物，尤其是在冬天。

2 不避讳食用牡蛎、花生、小麦、蛋黄等易过敏的食物。

3 很少食用富含维生素的蔬果。

预防鼻炎小窍门

春秋季节，天气不冷不热，可以帮助孩子养成早睡早起的习惯，每天户外活动至少2小时，注意锻炼身体，增强体质。冬天多晒太阳，及时给孩子增添衣物，防寒保暖。晒太阳温阳又散寒，可以每天带孩子晒太阳1~2小时，晒太阳时最好背对太阳。夏天少吹空调，注意保护孩子的腹部，避免受凉。

宜吃的食物

橘子
富含维生素C，能够增强免疫力，抵御灰尘等过敏原的侵袭。

蜂蜜
可滋阴润燥，能够有效缓解鼻炎的症状。

红枣
含有抗过敏物质，用水煎服可以增强宝宝免疫力。

胡萝卜
含有的胡萝卜素可以有效预防花粉过敏和过敏性皮炎等过敏反应。

藕汁

材料 莲藕1节。

做法 莲藕洗净后捣碎成泥，用时从中吸取藕汁。

营养师支招

睡前取汁2～3滴，滴入鼻孔。藕汁有收缩皮肤黏膜血管的作用，可通鼻窍，缓解鼻黏膜炎症。

缓解炎症

补充营养

鲜虾小馄饨

材料 鲜虾3只，胡萝卜50克，馄饨皮适量。

调料 香油适量。

做法

1. 鲜虾洗净，剥去虾壳，去虾线，切碎。胡萝卜洗净，去皮，切碎。
2. 将切碎的虾肉和胡萝卜碎放入碗中，加少许香油搅拌均匀，包入馄饨皮中。
3. 锅中加水煮沸后下入小馄饨，煮至浮起熟透即可。

营养师支招

虾肉质鲜美，含有较多的钙、磷、钾、锌、硒，能为宝宝发育提供非常多的营养。

生姜二红水

材料 生姜、红糖各 10 克，红枣 4 颗。

做法

1. 生姜洗净，切片。红枣洗净，去核。
2. 将姜片、红枣放入水锅中，大火煮开后转小火煎煮 30 分钟，调入红糖搅匀。

营养师支招

生姜二红水有助于发汗解表、祛风散寒，有助于感冒康复，避免鼻炎加重。

祛风散寒

胡萝卜热汤面

材料 面条 50 克，胡萝卜 20 克，菠菜 15 克，豆腐 20 克。

调料 蒜末少许，植物油适量。

做法

1. 菠菜洗净，切段。胡萝卜洗净，切片。豆腐洗净，切片。

2. 锅内倒油烧热，爆香蒜末，放入胡萝卜片翻炒，加入适量水烧开，放入面条煮熟。

3. 放入菠菜段和豆腐片煮开即可。

营养师支招

胡萝卜热汤面有减轻鼻炎不适的作用。此外，还能帮助宝宝健脾胃、缓解腹泻。

减轻鼻炎

咽喉炎

如果家长发现宝宝最近老哭闹，哭声嘶哑甚至失音，口水比以前流得多，张开小嘴一看，发现宝宝咽部充血红肿，那么宝宝很可能得了咽炎。咽炎有急、慢性之分，急性咽炎一般是由于人体免疫力低，病毒或细菌侵袭咽部而发病的，起病较急。慢性咽炎多由急性咽炎治疗不彻底、反复发作引起，也可因慢性鼻炎、鼻窦炎，对刺激性气体、粉尘过敏，缺乏多种维生素，过食辛辣等刺激性食物引起。

饮食加分法则

1 饮食清淡、温软、易消化、富含营养，避免吃刺激性食物和油腻、烧烤、燥热食品。

2 纠正由偏食引起的营养不良，及时补钙。缺钙的宝宝，特别是肥胖、生长较快、相对缺钙的宝宝，更易发生急性咽喉炎或者反复发病，及时补钙可以降低发病率。

饮食减分法则

1 给宝宝吃刺激性或粗硬的食物，这样会加剧宝宝咽喉的疼痛。

2 给宝宝吃甜腻或油炸食品。此时宝宝口腔内的唾液分泌减少，食欲不振，吃这些食物会加剧食欲下降，引发恶心呕吐。

预防咽喉炎小窍门

预防小儿咽喉炎，平常应让宝宝多运动，以提高宝宝的免疫力；让宝宝养成勤洗手的好习惯，防止病从口入；让宝宝多喝水，多吃梨、白萝卜、西瓜等清热利咽的食物，少喝饮料，少吃刺激性食物；要保证宝宝所处的环境空气新鲜，若待在空调房间，需定时开窗换气。

宜吃的食物

枇杷
具有止咳、清热、润肺、利尿的功效，辅助调理慢性咽炎。

猕猴桃
能生津润燥，上火导致喉咙发炎的宝宝可适当多吃一些。

梨
可生津止渴、润肺止咳、滋阴降火。

西瓜
有清热、利尿、排毒的功效，能够缓解咽喉炎导致的咽干症状。

草莓香蕉酱

材料 草莓 100 克，香蕉 1/3 根。

做法

1. 草莓去蒂，洗净后用清水浸泡 20 分钟，再用白开水冲洗一遍。
2. 削掉草莓顶部略硬的部分。香蕉去皮，切段。
3. 将处理好的香蕉和草莓一起放入料理机中打成泥即可。

营养师支招

草莓具有清新口气、滋润咽喉、生津止渴等作用，非常适合咽喉肿痛的宝宝食用。

滋润咽喉

润喉生津

西瓜莲藕清凉汁

材料 苹果、梨各 30 克，番茄 20 克，莲藕、西瓜（去皮）各 50 克。

做法

1. 苹果、梨洗净，去皮、核，切小块。番茄、莲藕分别洗净，去皮，切小块。西瓜去籽，切小块。
2. 将上述食材放入榨汁机中，加入适量清水搅打成汁，搅拌均匀即可。

营养师支招

西瓜莲藕清凉汁能帮助润喉生津，缓解咽喉不适。

猕猴桃甜汤

材料 猕猴桃、苹果、梨各半个。

做法

1. 苹果、梨洗净，去皮、核，切小块，放入锅中，加水没过食材，煮软。
2. 猕猴桃去皮，果肉切块，放入煮苹果和梨的锅中，再煮 2~3 分钟即可。

营养师支招

猕猴桃含有丰富的维生素 C，有助于促进铁的吸收，可调节免疫力。

调节
免疫力

枇杷水

材料 枇杷 3 个。

做法

1. 枇杷洗净，去蒂、皮，对半切开后去核及核与果肉之间的薄膜，再把果肉分切两半。
2. 将枇杷果肉放入锅中加 3 倍量的水，中火煮开后再煮 5 分钟左右至果肉变软即可。

营养师支招
枇杷甜美滋润，有清心润肺的功效。

清心润肺

贫血

宝宝贫血主要是由红细胞、血红蛋白含量低引起的，主要表现为面部、耳郭、手掌等部位的皮肤苍白，有时眼睑、口腔周围也很苍白。缺铁性贫血的宝宝最常见，表现为常常啼哭；对于叶酸或维生素缺乏引起的贫血，宝宝经常有嗜睡、哭闹，以及头发黄、细、干稀等症状；患有溶血性贫血的宝宝则表现为皮肤发黄，眼巩膜也有不同程度的发黄。

饮食加分法则

1 饮食保证营养全面、易吸收。

2 适量增加优质蛋白含量丰富的食物，如蛋黄、鱼肉、瘦肉等。

3 每天给宝宝吃一些铁、叶酸、维生素含量丰富的食物以起到防治效果。此类食物有动物肝脏、蛋类、新鲜水果、蔬菜等。

饮食减分法则

1 选择植物性食物给宝宝补铁。虽然有些植物性食物的铁含量很高，但是妈妈们不要忽略了一个问题，即这类食物中的铁不易被宝宝吸收，吃这些食物不能获得很好的效果。

2 给宝宝吃很多碱性强的食物，如苏打饼干、黄瓜等。碱性食物可中和胃酸，降低胃内酸度，不利于铁的吸收。

预防贫血小窍门

妈妈最好用母乳喂养宝宝。当然，妈妈要保证摄入足够的铁，不要吃素，以降低宝宝贫血的发病率。

宝宝6个月大后，要增加含铁量高的食物，注意饮食的合理搭配。

妈妈要注重培养宝宝良好的进食习惯，让宝宝养成不偏食、不挑食的习惯，这样可以减少贫血的发生。

宜吃的食物

蛋黄
含有丰富的氨基酸、铁等，对调理贫血有帮助。

海带
含铁量较丰富，是宝宝补铁补血的良好选择。

牛肉
含有丰富的铁，能给宝宝补充充足的铁，而且容易吸收。

猪肝
所含的营养物质非常丰富，是补血非常好的选择。

牛肉蓉粥

材料 玉米粒、牛肉、大米各 50 克。

调料 葱末适量。

做法

1. 牛肉洗净，剁成末。大米、玉米粒分别淘洗干净。

2. 锅中倒入清水煮沸，放入大米和玉米粒，煮10 分钟。

3. 放入牛肉末和葱末煮沸，转小火煮 15 分钟熬成粥即可。

营养师支招

牛肉中含丰富的铁，常食能帮助宝宝补铁，预防和改善宝宝缺铁性贫血。

补铁补血

红枣核桃米糊

材料 大米 50 克，红枣 20 克，核桃仁 30 克。

做法

1. 大米淘净，清水浸泡 2 小时。红枣洗净，用温水浸泡 30 分钟，去核。
2. 将所有食材倒入全自动豆浆机中，加水至上、下水位线之间，按"米糊"键，煮至豆浆机提示米糊做好即可。

营养师支招

红枣可益气血、健脾胃、改善血液循环，对宝宝贫血有不错的辅助调理功效；核桃仁有补益健脑的作用。

益气血
健脾胃

促进造血

鸡血豆腐汤

材料 鸡血 20 克，豆腐 20 克，黑木耳 5 克，胡萝卜 10 克，鸡蛋 1 个，鲜汤适量。

调料 葱花、香油、水淀粉各适量。

做法

1. 把豆腐和鸡血切成细条，黑木耳、胡萝卜切成细丝，下入鲜汤中烧开，略煮片刻。
2. 用水淀粉勾薄芡，然后淋入打好的鸡蛋液，加香油、葱花即成。

营养师支招

鸡血豆腐汤富含铁、钙、优质蛋白质等，有助于体内红细胞的生成，促进造血。

果酱鸡蛋饼

材料 低筋面粉 50 克，婴儿奶粉 25 克，鸡蛋 1 个。

调料 果酱、色拉油各适量。

做法

1. 面粉与奶粉过筛，加鸡蛋、水，做成面糊。
2. 平底锅加色拉油，烧至六成热，倒适量面糊，煎成两面金黄的薄饼。
3. 将适量的果酱淋在饼上即可。

营养师支招

果酱能够促进宝宝的食欲，鸡蛋能够给宝宝补充丰富的蛋白质、矿物质、卵磷脂等，因此这道餐品有益于宝宝的生长发育。

增强食欲

防治贫血

猪肝摊鸡蛋

材料 猪肝 50 克，鸡蛋 1 个。

做法

1. 猪肝洗净，用热水焯过后切碎。鸡蛋打到碗里，放入碎猪肝搅拌均匀。
2. 锅置火上，放油烧热后倒入蛋液，将鸡蛋两面煎熟即可。

营养师支招

猪肝和鸡蛋中均含有丰富的铁，常食能够预防和调理宝宝缺铁性贫血。

扁桃体炎

扁桃体炎分为急性和慢性两种。宝宝在机体抵抗力降低时，由于细菌或病毒感染，较容易得急性扁桃体炎，其症状有发热、咳嗽、咽痛，严重时高热不退，吞咽困难。慢性扁桃体炎则是由急性扁桃体炎反复发作所致，其表现有扁桃体肥大、充血，或有分泌物，颌下淋巴结肿大等。

饮食加分法则

1 饮食清淡、易吞咽，米汤、米粥、果蔬泥是不错的食物选择。

2 适量给宝宝增加富含维生素C的食物，如香蕉、苹果、猕猴桃等。

3 多给宝宝喝水，促进尿液的排泄，有利于排毒。

4 给宝宝吃一些流食或半流食，避免宝宝出现营养不良。

5 适量多吃些牛奶、肉类、蛋、水果、蔬菜等，要及时纠正小儿偏食等不良习惯。

饮食减分法则

1 给宝宝吃黏滞的、油腻的食物。这类食物不易下咽和消化，不利于宝宝吸收。

2 在营养餐中添加热性食物。这类食物易导致上火，加重宝宝的病情，如荔枝、羊肉、动物肝脏等。

预防扁桃体炎小窍门

妈妈们要根据气候变化及时给宝宝增减衣服，防止着凉。

注意保持室内卫生和空气流通，减少空气中尘埃和化学物质对宝宝的伤害。

宜吃的食物

梨
有清热祛火的功效，且水分较多。

百合
能滋阴润肺，预防扁桃体炎。

金银花
具有清热解毒、降火除燥的功效。

豆腐
性凉，易吞咽、易吸收，除了提供营养以外，还可提高宝宝抵抗力。

莲藕雪梨汁

材料 莲藕 150 克，雪梨 150 克。

做法

1. 莲藕削皮，洗净，切成小块。雪梨削皮，去籽，切成小块。
2. 将切好的莲藕和雪梨块放入豆浆机中，按"果蔬汁"键。
3. 待豆浆机提示做好后搅匀即可。

营养师支招

莲藕生津凉血，雪梨清热除燥，两者搭配饮用，能够缓解宝宝咽部不适。

缓解咽喉
不适

金银花莲子粥

材料 大米 80 克，金银花 15 克，莲子 15 颗。

做法

1. 莲子洗净，温水浸泡 3 小时。金银花洗净。大米淘净。
2. 锅中加水，倒入大米和莲子，将金银花放入纱袋中，再放入锅中。
3. 大火煮开，换小火熬煮，待煮熟时，拿出纱袋，将粥盛出即可。

营养师支招

此粥有清热解毒、降火除燥、凉血明目的作用，适合宝宝在夏季适量进食。

清热明目

提高免疫力
清热祛火

绿豆芽拌豆腐泥

材料 绿豆芽 50 克，豆腐 100 克。

调料 葱花、香油各适量。

做法

1. 绿豆芽洗净，切小段，开水焯熟。
2. 豆腐洗净，切块，开水焯烫，研磨成泥。
3. 在备好的材料中加入葱花、香油，一起拌匀即可。

营养师支招

绿豆芽比绿豆中的维生素 C 含量高很多，常食能够提高宝宝的免疫力，搭配豆腐一起食用，更能起到清热的作用，防止上火，缓解炎症。

苹果百合番茄汤

材料 苹果 50 克，百合 15 克，番茄 50 克。

调料 白醋适量。

做法

1. 将苹果、番茄洗净，切块。百合剥开，洗净备用。
2. 炒锅置火上，倒入适量清水，放入苹果、百合、番茄，小火煮 1 分钟，用白醋调味即可。

营养师支招

百合不仅可以起到营养滋补的作用，还有养心安神、润肺止咳的功效，对病后虚弱的宝宝非常有益，加上苹果和番茄同吃，更能提高宝宝免疫力。

提高宝宝免疫力

补肝明目增强免疫力

牛肝拌番茄

材料 牛肝 50 克，番茄 20 克。

做法

1. 将牛肝外层薄膜剥掉之后用凉水将血水泡出，煮烂后切碎。
2. 番茄用水焯一下，随即取出，去皮、籽，切碎。
3. 将切碎的牛肝和番茄拌匀即可。

营养师支招

牛肝味甘，性平，有补肝明目、补血养血、增强免疫力等功效，常食有利于宝宝身体健康。

食物
过敏

食物过敏是指宝宝因为摄取了某种食物导致免疫系统产生过度反应的现象。过敏多数是由蛋白质引起的，随着食物的摄取，蛋白质被多种消化酶分解，但宝宝的消化器官尚未发育成熟，不能完全扛起消化蛋白质的重担，因此才会出现过敏。

饮食加分法则

1 坚持母乳喂养，避免过早添加辅食。有家族过敏史的宝宝尤其强调出生后前6个月内尽量纯母乳喂养，刚添加辅食后仍应坚持母乳喂养。辅食添加不宜过早，品种也应注意，不宜短时间内添加过多食材。

2 饮食上，有家族过敏史的宝宝饮食宜清淡，应多吃温和、易消化的食物，少吃热、辣、冷、咸、油腻、过甜的食品；多吃能预防过敏发作的食物，比如富含维生素C的新鲜蔬果（白萝卜、白菜、番茄、西蓝花、青椒、葡萄柚等），可以有效抑制过敏症状。

饮食减分法则

1 给宝宝吃易引起过敏的食物。容易引发过敏的食物有牛奶、鱼虾、蛋清、腰豆、坚果、菠萝、含香料的食品、小麦制品等。

2 把食物不耐受当成食物过敏。很多宝宝在刚开始添加辅食时都会出现起疹子的情况，但大部分都不属于过敏。

预防食物过敏小窍门

早期应谨慎选择配方奶粉。新生儿肠壁的通透性较高，大分子的牛奶蛋白容易通过肠道进入宝宝体内，会增加过敏的风险。当新妈妈确定母乳不足时，应选择经过大量临床验证的适度水解蛋白配方奶粉喂养且至少持续半年以上，能起到预防过敏的作用。可适当补充益生菌。

宜吃的食物

小米
营养很丰富，有利于增强抵抗力，预防过敏。

大米
没有刺激性味道，致敏性很弱，也很容易消化。

胡萝卜
具有抗过敏功能，增强抗病能力。

白菜
膳食纤维含量丰富，可促进肠胃蠕动，加快肠道废物排泄，预防过敏。

小白菜汁

材料 小白菜 50 克。

做法

1. 小白菜洗净，切段，放入沸水中焯烫至九成熟。
2. 将小白菜放入榨汁机中，加饮用水榨汁，榨完后过滤即可。

营养师支招

小白菜含有丰富的膳食纤维，能促进肠胃蠕动，加速肠道内废物的排出，可有效预防过敏。

增强
免疫力

红薯菜花粥

营养师支招

红薯菜花粥中膳食纤维含量丰富，可促进肠胃蠕动，加快肠道废物排泄，预防宝宝过敏。

材料 大米 20 克，红薯 30 克，菜花 10 克。

做法

1. 大米洗净，用水浸泡 30 分钟。
2. 红薯洗净，蒸熟，去皮捣碎。菜花用开水烫一下，去茎部，捣碎。
3. 将大米和适量清水放入锅中，大火煮开，放入红薯碎、菜花碎，再调小火煮软烂即可。

加速肠道
蠕动

大米粥

和胃健脾

材料 大米 50 克。

做法

1. 大米洗净，用水浸泡 30 分钟。
2. 锅内倒入适量清水烧开，放入大米大火煮沸，再转小火熬煮 30 分钟到米粒开花即可。

营养师支招

大米中富含碳水化合物、蛋白质、脂肪、维生素 B 族等，宝宝常食能满足身体发育所需，也不容易引起过敏。

增强抗过敏能力

洋葱粥

材料 洋葱 30 克，大米 20 克。

做法

1. 将洋葱洗净，去掉老皮，切碎。大米淘洗干净，用水浸泡 30 分钟。
2. 将洋葱碎、大米一起放入锅中煮成稀粥即可。

营养师支招

洋葱中富含抗炎化合物——槲皮素，具有防治过敏性疾病的作用。

流涎

新生宝宝由于唾液腺不发达，五六个月后牙齿萌出，刺激牙龈，会导致唾液分泌增加，这属于正常现象，是生理性流涎。而添加辅食前后的宝宝不能吞咽过多的唾液，表现为不停地流口水，即属于病理性流涎，这就需要爸爸妈妈们格外注意了。

饮食加分法则

1 脾胃积热宝宝的饮食宜清热养胃、泻火利脾，果蔬汁是不错的选择。

2 给脾胃虚寒的宝宝选择温补健脾的食物，如羊肉、核桃等。

3 多给宝宝选择一些新鲜易消化的水果和蔬菜，减少胃肠负担。

饮食减分法则

1 给宝宝吃容易上火的食物。此类食物容易导致流口水，如油炸食品等。

2 给宝宝吃较酸的食物。橘子、杏等食物可增加唾液分泌，不利于宝宝症状的缓解，反而使得病情更严重。

 预防流涎小窍门

平时避免捏宝宝的脸颊，否则容易造成宝宝流涎。

不要让宝宝经常吸吮手指、实心橡皮奶嘴等，以减少口腔刺激，避免唾液量的增加。

6个月大后，爸爸妈妈应帮助宝宝养成吞咽唾液的习惯。

宜吃的食物

雪梨
有清热祛火的功效，对宝宝呕吐、呃逆等有很好的作用。

山药
有健脾利胃、补中益气的效果，对宝宝流涎有较好的防治作用。

西瓜
可解暑热，促进排尿，缓解宝宝流涎的症状。

丝瓜
有清凉利尿、活血解毒的功效，食用它可辅助调理宝宝流涎。

羊肉山药粥

材料 瘦羊肉、怀山药各 30 克，大米 50 克。

调料 姜片 5 克。

做法

1. 羊肉洗净，切成小丁。怀山药去皮，切丁。大米淘洗干净。

2. 将切好的羊肉和山药放入锅内，加入大米、姜片、适量水煮成粥，取出姜片即可。

营养师支招

此粥可益气补虚，温中暖下，对宝宝胃肠有很好的补益效果，对减少宝宝流涎有一定的效果。

温中暖下

西瓜汁

材料 西瓜肉 200 克。

做法

1. 西瓜肉去籽，切小块。
2. 将西瓜块放入榨汁机中，打成汁即可。

营养师支招

西瓜富含钾元素，食用它可以帮助宝宝排出体内过多水分和盐分，从而缓解和改善宝宝流涎的现象。

缓解咽喉
不适

生津润燥
调理便秘

雪梨鸡蛋羹

材料 雪梨 1 个，鸡蛋 1 个。

调料 酸奶适量。

做法

1. 雪梨去皮和核，洗净切薄片。鸡蛋打散。
2. 将酸奶倒入锅中，加梨片小火煮软，关火晾凉。
3. 将鸡蛋液倒入做好的梨汁中，装入容器中，盖上保鲜膜，放入蒸锅中，大火蒸成羹即可。

营养师支招

雪梨中含有苹果酸、柠檬酸、胡萝卜素等，食用它能生津润燥、清热化痰，特别适合在秋季食用，对咽喉干燥、便秘等有很好的调理作用。

石榴菠萝酱

材料 菠萝 200 克，石榴 200 克，柠檬 1 个。

调料 麦芽糖适量。

做法

1. 柠檬和石榴各取果肉榨汁。
2. 菠萝洗净，去皮后切丁。
3. 将菠萝丁和柠檬汁、石榴汁一同放入耐酸的锅中，用中火熬开。
4. 改小火继续熬煮，加入麦芽糖，并不停搅拌，待糖溶化后熬至变成酱即可。

营养师支招

菠萝含有丰富的有机酸、烟酸、维生素、钙、镁、磷等，具有清热解暑、生津止渴、促进消化、预防肥胖等作用。

清热解暑
促进消化

润肺平喘

丝瓜粥

材料 丝瓜 100 克，大米 50 克，海米 10 克。

调料 葱末 3 克。

做法

1. 丝瓜洗净，去皮，切块。大米洗净。海米泡发。
2. 锅内加适量清水烧开，倒入大米煮粥。
3. 粥将熟时加入丝瓜块、海米、葱末烧沸即可。

营养师支招

丝瓜有止咳化痰的作用，煮粥食用对宝宝咳嗽有一定的治疗效果。丝瓜还能润肺平喘、通淋利尿。

鹅口疮

鹅口疮主要是由白色念珠菌感染引起的，症状较轻的宝宝，口腔内充满白屑，没有其他的伴随症状，而严重时，口腔黏膜的表面会有白色的斑膜，部分患病的宝宝会出现低热的症状，甚至吞咽和呼吸都比较困难。宝宝经常哭闹，因吃东西或喝水时会痛，所以不愿意吃奶，食欲下降。

饮食加分法则

1 宝宝饮食以清热解毒、通便泻火为主。

2 宝宝吃的食物要易消化，蛋白质含量要丰富，可选择诸如动物肝脏、鱼等食物。

3 适当给宝宝增加富含维生素B族和维生素C的食物，新鲜的蔬菜和水果是不错的选择。

4 流质或半流质食物，比如米汤类，更方便宝宝进食，不妨给宝宝选择这种饮食方式。

5 让宝宝多喝水。

饮食减分法则

1 给宝宝吃较酸、辣的食物。长鹅口疮期间，这类食物很容易引起宝宝口腔疼痛，不宜给宝宝吃。

2 给宝宝吃热性的食物，如油炸食品、荔枝等。中医学认为，小儿口疮疾病与脾胃积热、心火上炎等有关，所以以吃降火食物为宜。

预防鹅口疮小窍门

平时教宝宝养成良好的卫生习惯，而且家长们要对宝宝的餐具进行严格的消毒，如奶嘴、奶瓶等。

妈妈在给宝宝喂母乳前，要先用干净的毛巾擦洗乳房。

不要给宝宝使用安抚奶嘴。

宜吃的食物

荸荠
性微寒，对宝宝口舌生疮有很好的缓解作用。

梨
含水量丰富，性质偏寒，能清热、润肠。

杨桃
有清热、生津、消火的功效。

茄子
清热止血，消肿止痛，可用于热毒痈疮、皮肤溃疡、口舌生疮等。

鲜肉茄饼

材料 猪肉、茄子各 100 克，鸡蛋 2 个，中筋面粉 25 克。

调料 淀粉、香油各适量。

做法

1. 分离蛋黄磕入盆中，打散，加淀粉、中筋面粉，搅成面糊。猪肉洗净，切末，加香油调味。

2. 茄子洗净，切椭圆形片，夹入肉馅，挂面糊，放入热平底锅中煎至两面金黄。

3. 给宝宝喂食时，可用勺子将茄子碾碎。

营养师支招

猪肉含有丰富的维生素、蛋白质、矿物质等，有很好的补充体力的功效；茄子中含芦丁，对宝宝血管有利，还能清热润肺。

清热润肺

雪梨荸荠汁

材料 雪梨 150 克，荸荠 60 克。

做法

1. 雪梨洗净，去皮和籽，切块。荸荠去皮，洗净，切块。

2. 将准备好的材料倒入豆浆机中，加入适量水，按"果蔬汁"键，待豆浆机提示果蔬汁做好即可。

营养师支招

无论雪梨还是荸荠，都有清火的作用，两者搭配，能起到清心解毒的作用。

清心解毒

清热祛火
生津润燥

荸荠南瓜粥

材料 荸荠 10 个，南瓜 100 克，小米、大米各 50 克。

做法

1. 小米和大米淘净，放入锅中煮开。

2. 荸荠、南瓜洗净切片。

3. 小米和大米煮 15 分钟后，倒入荸荠继续煮。

4. 煮 10 分钟后加入南瓜，继续煮至南瓜熟、米黏稠熟烂即可。

营养师支招

荸荠被称为"地下雪梨"，有清热祛火、开胃消食的功效，对咽干咽痛、消化不良者有很好的疗效。此粥可生津润燥，适合宝宝喝。

绿豆粥

材料 绿豆 40 克，大米 60 克。

做法

1. 绿豆、大米均淘洗干净，用水浸泡一会儿。
2. 锅中加适量水，将绿豆、大米一同放入锅中，待绿豆将开花未开花时搅匀即可。

营养师支招

绿豆粥有清热凉血、利湿祛毒的作用，适合宝宝适量食用。

清热凉血

腹泻

宝宝腹泻很常见。轻度的腹泻，指宝宝每天大便不超过 10 次，呈黄绿色，薄糊状，有少量黏液、酸臭味；重度腹泻的宝宝每天的大便次数超过 10 次，水样便，有黏液，同时还伴有呕吐、发热、面色发灰、哭声低弱、精神不振的症状，还有明显的脱水症状，如前囟和眼窝凹陷等。无论腹泻轻重，都应及时带宝宝就医。

饮食加分法则

1 给宝宝补充性质较温和的食物，忌寒凉的食物。

2 适当给宝宝增加富含维生素B族和维生素C的食物，以补充维生素，提高免疫力，同时这些食物也有止泻的作用。

3 宝宝的食物浓稠度合理，从稀开始，逐渐提高稠度。

4 让宝宝多喝水，同时补充盐分，补充腹泻流失的水分，以及钾、钠等无机盐。

饮食减分法则

1 给宝宝吃纤维素含量高的食物。纤维素有通便的作用，多吃会加重宝宝腹泻。

2 添加肥腻食物。这类食物不易消化，会加重胃肠道的负担，不利于宝宝腹泻的恢复。

预防腹泻小窍门

母乳喂养很重要。母乳无论温度、营养还是免疫抗病成分，对宝宝来说都是最合适的，对预防消化道传染病很重要。当然，注意卫生是不可忽视的。

避免宝宝小肚子着凉，适时给宝宝添加衣物，以小手温热为宜。

宜吃的食物

胡萝卜
有很好的止泻作用，适合宝宝食用。

葡萄
补充宝宝流失的营养和水分，很适合宝宝在腹泻期间食用。

藕粉
易吸收，能补充营养，防止宝宝体液流失过多。

苹果
有很好的收敛作用，对缓解宝宝腹泻很有效。

红枣苹果汁

材料 苹果 300 克，红枣 50 克。

做法
1. 苹果洗净，去皮和籽，切丁。红枣洗净，去核，切碎。
2. 将备好的食材放入果汁机中，加入适量饮用水搅打成汁即可。

营养师支招
红枣有温补作用，对宝宝肠胃有利，且可以补充能量、维生素及矿物质；苹果有收敛的作用，可以减轻宝宝腹泻的症状。

温补胃肠

补气养血
预防腹泻

山药苹果泥

材料 山药 200 克，苹果 1 个。

调料 白糖适量。

做法
1. 山药去皮，洗净，切块后上锅蒸熟。
2. 将材料倒入搅拌机，加白糖，搅拌成泥即可。

营养师支招
苹果富含果胶、苹果酸、维生素等，搭配山药一起食用，有补气养血、预防腹泻、滋阴补阳的多重效果。

山药粥

缓解宝宝腹泻

材料 怀山药 50 克，大米 70 克，薏米 30 克。

做法

1. 怀山药去皮，洗净，切片。
2. 大米、薏米洗净，放入锅中，加水，中火煮 20 分钟，放怀山药，煮 5 分钟。
3. 将怀山药粥盛入碗中即可。

营养师支招

此粥中，怀山药具有收敛效果，能缓解宝宝腹泻；薏米和大米可以补充宝宝所需的蛋白质、能量等。

有利于疾病恢复

藕粉桂花糕

材料 藕粉 50 克，面粉 60 克，桂花 10 克。

调料 酵母、酸奶各适量。

做法

1. 将适量酵母、酸奶一起搅拌均匀。
2. 加入桂花和藕粉，调匀。倒入面粉，调成面糊，倒入容器中，用保鲜膜盖好，发酵。
3. 发酵好后，蒸 30 分钟即可。

营养师支招

藕粉桂花糕易消化，适量吃可帮助补充机体所需营养，有利于疾病恢复。

苹果小米粥

材料 苹果 1 个, 小米 60 克, 胡萝卜 1/4 个。

做法

1. 苹果洗净, 去皮和籽, 切小丁。胡萝卜洗净, 切丁。小米淘净, 用水浸泡 5 分钟。
2. 锅中加水, 烧开, 倒入小米煮开, 加入苹果丁和胡萝卜丁, 继续煮至粥熟即可。

营养师支招

苹果有收敛作用, 胡萝卜有止泻作用, 二者搭配小米做粥, 能帮助缓解宝宝腹泻。

缓解腹泻

便秘

宝宝饮食不当，偏食，生活不规律，缺乏按时排便的训练等，都可能导致便秘，出现大便干燥、变硬、量少或排便困难等表现。若便秘时间过长，会导致宝宝肠道内的废物发酵，产生毒素，对宝宝身体健康产生不利影响。

饮食加分法则

1 宝宝的饮食粗细搭配，荤素选择合理。

2 及时给宝宝添加蔬果汁、蔬果泥等。蔬果中含有丰富的维生素，对预防和治疗宝宝便秘有理想的效果。

3 选择自己用榨汁机给宝宝榨果汁，最大限度地保留它们所含的维生素。

4 多给宝宝喝水，有利于促进排便。可每4小时喂食1次，在两餐之间让宝宝喝1次水。

饮食减分法则

1 给宝宝吃脂肪含量高的食物。这类食物易残存在肠道，不易排出。

2 选择柿子、油炸食品给宝宝食用。这类食物会加重便秘症状。

3 给宝宝吃过多的肉食。虽然肉食中的营养成分比素食丰富，但肉食吃得过多会导致宝宝缺乏纤维素，从而使宝宝更容易便秘。

预防便秘小窍门

锻炼宝宝养成定时排便的习惯，比如在进食后让宝宝排便，从而让宝宝建立良好的排便反射。

给宝宝洗澡，每天多让宝宝在盆里泡一泡，使宝宝的直肠肌肉放松，有助于防止宝宝便秘。

可以适当补充益生菌，对维持宝宝肠道的生态平衡有很大益处。

宜吃的食物

红薯
膳食纤维含量非常丰富，能刺激肠道，增强肠道蠕动。

黑芝麻
含脂肪酸、维生素E，对宝宝消化不良、便秘有很好的调节作用。

苹果
有很好的促进消化和排泄的作用，对预防宝宝便秘很有用。

芹菜
含有丰富的膳食纤维，可以有效缓解宝宝便秘症状。

宝宝便秘调理营养餐

芹菜猪肉蒸包

材料 面粉 500 克，芹菜 250 克，猪肉馅 200 克。

调料 发酵粉、香油各适量。

做法

1. 芹菜去叶，洗净，沸水焯热，过冷水，沥干，切末。猪肉馅加少许水、香油拌匀，与芹菜末搅拌成馅。
2. 将面粉、发酵粉、适量水和成面团，稍饧，搓条，揪成剂子，擀皮，包馅，蒸熟即可。

营养师支招

芹菜有促进肠胃蠕动、清热利湿、平肝健胃的功效，常食可清热养血、明目醒脑、润肺止咳，搭配猪肉一起食用，可以补充营养，促进宝宝生长发育。

促进肠胃
蠕动

苹果汁

材料 苹果1个。

做法

1. 苹果洗净，去蒂，除核，切小丁，倒入全自动榨汁机，加适量清水搅打均匀。
2. 将搅打好的苹果汁倒入杯中即可。

营养师支招

苹果富含纤维素，热量低，可以促进废物的排泄，预防宝宝便秘。

预防便秘

消食
保护肠胃

奶香白菜汤

材料 白菜30克，配方奶粉适量。

做法

1. 白菜用淡盐水泡5分钟，洗净，剁碎。
2. 锅内加水烧开，放白菜碎，小火稍煮。
3. 将白菜碎捞出，白菜水放凉至常温。
4. 加入适量配方奶粉调匀即可。

营养师支招

白菜中膳食纤维、胡萝卜素和维生素C的含量较高，有利于宝宝的肠道健康、视力发育和免疫力的提高，还可以帮助积食的宝宝消食。

胡萝卜红薯汁

材料 红薯 200 克，胡萝卜 100 克，酸奶 150 克。

做法

1. 红薯洗净，去皮，切小块，蒸熟晾凉。胡萝卜洗净，切丁。
2. 将红薯、胡萝卜和酸奶放入果汁机中，加适量饮用水搅打均匀即可。

营养师支招

红薯可以润肠通便，预防便秘，配上胡萝卜和酸奶，还能够保护视力，促进骨骼健康发育。

预防便秘
保护视力

呕吐

呕吐是胃急剧收缩，或受到腹部肌肉和横膈膜突然收缩的压力，使胃内容物和一部分小肠内容物在消化道内逆行而上，从口腔排出的动作。许多疾病都有呕吐的症状。

饮食加分法则

1 在发病时，爸爸妈妈应鼓励宝宝喝白开水，如有脱水迹象，应及时口服补液盐，既能预防脱水的情况，又能减少对宝宝的刺激。爸爸妈妈一定要严格按照儿科医生的指导来给宝宝喂液体。

2 宝宝呕吐后，除了补充温水外，不要马上给宝宝吃东西，应暂时停食。新生儿停食时间不超过4小时，1~12个月的宝宝停食时间不超过6小时；1~3岁的宝宝停食时间不超过8小时。

饮食减分法则

1 一次性给宝宝喝大量的水。当宝宝突然发热伴有呕吐时，爸爸妈妈不要一次性让宝宝喝大量的水，否则容易诱发宝宝呕吐加剧，应该少量多次补水。

2 宝宝每次吃奶后都会出现喷水似的吐奶，但家长不放在心上。这是绝对不可以的，如果宝宝出现这种情况要尽快送医就诊。

预防呕吐小窍门

宝宝进食要定时定量。对于添加了辅食的宝宝，进食要定时定量，不能今天吃很多，明天吃很少，也不能暴饮暴食，进食次数不要随便改变，这些都可以预防宝宝呕吐。

创造愉快的就餐氛围。和宝宝一起吃饭时，爸爸妈妈要创造愉快的进餐环境，这样可以使宝宝吃得舒服，避免因精神因素导致呕吐。

宜吃的食物

大米
能刺激胃液的分泌，有助于消化，辅助治疗呕吐。

面粉
由小麦加工而成，营养全面，做成面食有健脾养胃的作用。

藕粉
易吸收，能补充营养，防止因呕吐导致宝宝体液流失过多。

生姜
性温，味辛，有温中止呕、发汗解表的功效，可以缓解宝宝呕吐的症状。

宝宝呕吐调理营养餐

鲫鱼姜汤

材料 生姜 15 克，鲫鱼 100 克。

调料 橘皮 10 克，葱末 5 克。

做法

1. 鲫鱼去鳞、鳃和内脏，洗净。生姜洗净，切片，与橘皮一起用纱布包好填入鱼腹内。
2. 锅内加适量水，放入处理好的鲫鱼，小火炖熟，加葱末调味即可。

营养师支招

此汤对一岁左右的宝宝有止呕开胃的功效，要注意因为此时宝宝的肠胃功能还较弱，爸爸妈妈应让宝宝适当喝些汤或者把剔好鱼刺的肉制作成肉糜给宝宝食用。

止呕
开胃

开胃止呕

陈皮荷叶山楂饮

材料 陈皮 10 克，鲜山楂 30 克，荷叶 20 克。

做法

1. 陈皮、荷叶洗净浮尘。鲜山楂洗净，去蒂除核。
2. 锅置火上，放入陈皮、山楂、荷叶，加入适量清水，大火煮开后改用小火煎煮 30 分钟。
3. 去渣取汁，趁热饮用即可。

营养师支招

荷叶具有清热解毒的功效，可以除宝宝的内热；陈皮有健脾开胃的功效，能够缓解宝宝呕吐的症状。

芒果柠檬汁

材料 芒果 50 克，柠檬 5 克，橙子 30 克。

做法

1. 芒果去皮、核，切块。柠檬、橙子分别去皮、籽，切块。
2. 将芒果块、柠檬块、橙子块全部倒入榨汁机中，加入少量饮用水，搅打均匀后倒入杯中即可。

营养师支招

柠檬性微寒，味极酸，有益胃生津、止呕的功效；芒果性凉，味甘、酸，有止呕利尿的功效。两者搭配食用有益胃止呕的功效。

益胃止呕

补充营养
缓解呕吐

雪梨藕粉糊

材料 雪梨 25 克，藕粉 30 克。

做法

1. 藕粉用水调匀。雪梨去皮、核，剁成泥。
2. 将藕粉倒入锅中，用小火慢慢熬煮，边熬边搅动，直到变透明为止，再将梨泥倒入，搅匀即可。

营养师支招

雪梨和藕粉都含有丰富的碳水化合物、维生素等，能增进宝宝食欲，帮助消化，非常适合呕吐的宝宝食用。

柠檬姜汁

材料 柠檬5克，新鲜生姜15克。

做法

1. 柠檬洗净，去皮，切块。新鲜生姜洗净，去皮，切块。
2. 将柠檬块、生姜块一起放入榨汁机中，加适量饮用水榨汁，去渣取汁，倒入锅中煮开，盛出放温即可。

营养师支招

柠檬有益胃止呕的功效，生姜有温中止呕的功效，两者搭配食用有缓解宝宝呕吐的功效。

缓解呕吐

丁香姜糖

暖胃祛寒止呕

材料 丁香粉5克，生姜末30克，白糖50克。

调料 植物油适量。

做法

1. 白糖加水熬成稠糊。
2. 加入姜末、丁香粉调匀，继续熬，熬到用铲挑起呈丝状不粘手，关火。
3. 将糖糊倒在盘中（事先涂上油），冷却，切成条即可。

营养师支招

丁香和姜有温中暖胃、降逆的功效，能辅助治疗呃逆、呕吐、反胃等症。

积食

积食，也就是中医学里的"积滞"，对应西医学里的功能性消化不良，是指宝宝乳食或饮食过量，损伤脾胃，使食物停滞于中焦所形成的胃肠疾患。宝宝积食日久，不思饮食，会造成营养不良，进而影响生长发育，所以必须引起爸爸妈妈的高度重视。

饮食加分法则

给宝宝添加辅食时循序渐进，由一种到多种，由少到多，由稀到稠，由细到粗。给宝宝添加一种新的食物时，必须先从少量开始喂起。父母需要比平时更仔细地观察宝宝，如果宝宝没有什么不良反应，再逐渐加量。给予的食物应逐渐从稀到稠，添加初期给宝宝吃一些容易消化、水分较多的流质辅食，然后慢慢过渡到各种泥状辅食，最后添加柔软的固体食物。

饮食减分法则

晚上吃得太晚、太腻、太饱。宝宝晚上吃得太晚、太腻、太饱，对肠胃十分不利，因为晚上宝宝运动少，肠胃蠕动减慢，吃多了会增加肠胃负担，不利于消化吸收。所以，宝宝晚餐最好吃些清淡的食物，如粥、汤、素菜等。进餐时间最好在18点左右，且吃七八分饱即可。此外，如果很想吃肉的话最好选择脂肪含量低的鸡胸肉、鱼肉等。甜点、油炸食品尽量不要吃。

预防积食小窍门

坚持母乳喂养。母乳是宝宝最理想的食物，不仅能为宝宝提供丰富的营养，容易被宝宝消化吸收，而且含有多种抗体。所以，坚持母乳喂养是最科学的喂养方式，可以避免宝宝出现积食的情况。但需要注意，妈妈要尽量少吃高蛋白的食物，比如炖猪蹄等，避免母乳营养过于丰富，导致宝宝积食。

宜吃的食物

山楂
增加消化酶的分泌从而促进消化，可有效缓解宝宝积食。

洋葱
能刺激胃肠蠕动及消化腺分泌，从而增进食欲，促进消化。

番茄
含有苹果酸、柠檬酸，可促进消化。

鸡内金
促进胃蠕动，对小儿积食有很好的疗效。

宝宝积食调理营养餐

山楂鸡内金粥

材料 山楂 1 个，鸡内金 1 克，大米 50 克。

做法

1. 山楂洗净，去核，切片。鸡内金研为粉末。大米洗净，用水浸泡 30 分钟。
2. 将山楂片、鸡内金粉与大米一起放入锅中，加适量水熬煮成粥即可。

健胃消滞

开胃消食

橘皮山楂粥

材料 大米、山楂各 50 克，鲜橘皮 30 克。

调料 桂花 2 克。

做法

1. 新鲜橘皮洗净，切丁。大米洗净，用水浸泡 30 分钟。山楂洗净后去核，切片。
2. 锅内加适量清水烧开，加入橘皮丁、山楂片、大米，大火煮开后转小火，煮 40 分钟，加入桂花拌匀即可。

糯米山药莲子粥

材料 糯米60克，山药50克，红枣2颗，莲子10克。

做法

1. 糯米洗净，用水浸泡3~4小时。山药去皮，洗净，切块。莲子用水泡软，去薄皮和心。红枣洗净，去核。

2. 锅置火上，放入糯米、山药、莲子、红枣和适量清水，大火烧开后转小火煮至米粒熟烂即可。

养胃益脾

番茄鸡蛋疙瘩汤

材料 番茄块 30 克，鸡蛋液 40 克，面粉 50 克。

调料 葱末、香菜末各 3 克，香油、植物油各适量。

做法

1. 锅内倒植物油烧热，爆香葱末，加番茄块炒至出汁，加水烧开。
2. 将面粉搅拌成大小基本一致的小颗粒状，倒入开水锅中煮沸，放入鸡蛋液搅拌均匀，撒上香菜末，淋上香油即可。

促进消化

莲子花生糊

材料 大米 30 克，莲子、熟花生仁、黄豆各 20 克。

做法

1. 黄豆洗净，用水浸泡 8~12 小时。大米、莲子分别洗净，用水浸泡 2 小时。
2. 将黄豆、大米、莲子、熟花生仁倒入豆浆机中，加入适量清水，按下"米糊"键煮熟即可。

健脾和胃

肠炎

肠炎是由细菌、病毒、真菌和寄生虫等病原微生物感染引起的小肠和结肠炎症。小儿肠炎以感染致病性大肠杆菌及轮状病毒最为多见，以腹泻为主要症状，但其发病季节、大便性状及其他兼证因致病菌不同而有所不同。

饮食加分法则

1 宝宝腹泻不严重时，不能让宝宝饿着。只要宝宝有食欲，可以喂宝宝吃一些易消化的食物，小一点的宝宝可以喂胡萝卜汤、焦米汤、米汤、面汤及苹果泥，大一点的宝宝可以喂少量山药粥、小米粥、烂面条等。

2 让宝宝多喝水，防止脱水。宝宝反复出现呕吐或腹泻时很容易出现脱水现象，要让宝宝多喝白开水，防止出现脱水。宝宝饭量减少并且症状加重时，要喂补液盐来补充水分。

饮食减分法则

1 给 6～12 个月的患儿添加新辅食。患肠炎的宝宝腹泻期间，不要添加新的辅食，否则会使腹泻症状加重。

2 给1岁左右的患儿吃富含膳食纤维的食物。患有肠炎的宝宝腹泻期间应忌食含膳食纤维的食物，如芹菜、菠菜、柚子等，这类食物会加速肠蠕动，加重宝宝腹泻症状。

预防肠炎小窍门

为了不被病菌感染，要经常给宝宝洗手，尤其是在饭前、便后。家中其他成员患肠炎，应让宝宝与其隔离，患者的大便、呕吐物等排泄物要妥善处理，用具要注意消毒。在肠病毒流行期间，要避免带宝宝出入公众场合，减少被感染的机会。

宜吃的食物

木瓜
辅助调理肠炎、胃溃疡等。

苹果
含有鞣酸，有收敛作用，可减轻肠炎不适症状。

橙子
含有丰富的维生素 C 和水分，可以帮助宝宝补充电解质。

胡萝卜
含有的果胶可以帮助大便成形，缓解肠炎的症状。

宝宝肠炎调理营养餐

红糖苹果泥

材料 新鲜苹果半个，红糖适量。

做法

1. 苹果清水洗净，削皮，切片。
2. 将苹果片放在碗内，隔水蒸烂。
3. 取出碗，加入红糖，与苹果一起搅拌成泥即可。

营养师支招

苹果中含有果胶，可止住轻度腹泻；红糖性温，可以祛风散寒。二者搭配有助于止住宝宝寒泻。

润肠止泻

预防
胃肠炎

木瓜玉米奶

材料 木瓜 100 克，熟玉米粒 50 克，牛奶 100 毫升。

做法

1. 木瓜洗净，去皮和籽，切小块。
2. 将木瓜、熟玉米粒和牛奶一起放入果汁机中搅打均匀即可。

营养师支招

这道饮品含木瓜酶，能消化分解脂肪和蛋白质，加强胃肠的消化吸收功能，具有健脾消食的功效，对预防肠胃炎有一定功效。

湿疹

宝宝皮疹多出现在头部和面部，会逐渐发展扩散到其他部位，甚至全身。一开始，宝宝皮肤上出现红色的小丘疹或红斑，然后慢慢增多，并伴有小水疱、黄白色鳞屑和痂皮等，严重时有溃烂、渗出液等。宝宝会出现烦躁不安，夜间易哭闹，到处瘙痒。

饮食加分法则

1 宝宝的饮食宜清淡、忌油腻。

2 可以在宝宝的营养餐中添加一些清热解毒的食物，如百合、冬瓜、梨等。

3 富含维生素、矿物质的食物能够提高宝宝的免疫力，要给宝宝适量添加。

4 可以适当多给宝宝吃维生素B族含量丰富的食物，对皮肤炎症有一定疗效。

5 督促宝宝多喝水。

饮食减分法则

1 给宝宝吃油炸类食品。这类食物容易加重宝宝内热，多食会导致宝宝湿疹加重。

2 选择榴莲、芒果、荔枝等热性水果给宝宝吃。这类食物容易引起上火，不利于宝宝湿疹的消退，甚至会导致病情加重。

宝宝湿疹调理小窍门

保持宝宝皮肤清洁，避免刺激，如搔抓、日晒、风吹等。经常给宝宝剪指甲、清洗双手。

对过敏体质的宝宝，家长们尽量不要让宝宝接触过敏原，不要穿毛织品、化纤制品和深颜色布料的衣服。

不用碱性肥皂和过热的水给宝宝洗澡。

宜吃的食物

冬瓜
性寒凉，可清热生津，富含维生素C，多食可提高免疫力。

红小豆
有化湿补脾的功效，可促进湿疹恢复。

薏米
可利水消肿、清热祛湿、健脾舒筋、除痹排脓。

绿豆
性凉，可清热解毒，对炎症性湿疹有疗效，为排毒养颜的佳品。

鸡蓉冬瓜羹

材料 鸡胸肉 50 克，冬瓜 120 克。

调料 植物油、葱花、料酒适量。

做法

1. 鸡胸肉洗净，剁成肉蓉，搅拌均匀。冬瓜去皮除子，洗净，切丁。
2. 汤锅置火上，倒入适量植物油烧热，放入葱花炒香。倒入冬瓜丁炒匀，淋料酒，加入适量水，烧至冬瓜熟透，淋入鸡肉蓉搅匀，再煮 5 分钟即可。

营养师支招

冬瓜有利尿解毒的作用，可以辅助治疗宝宝湿疹，同时富含维生素和矿物质，有利于宝宝的生长发育。鸡肉有很好的滋补养身的效果。

利尿
调理湿疹

苦瓜苹果饮

材料 苦瓜半根，苹果1个。

调料 盐适量。

做法

1. 苦瓜洗净，去瓤，切丁，盐水浸泡10分钟。
2. 苹果去皮，切小块。
3. 苦瓜丁沥干，和苹果块一同倒入料理机，加入适量清水，打成汁，过滤到杯中即可。

营养师支招

苦瓜可起到清热消暑、养血益气、滋肝明目的作用，还能提高机体应激能力、保护心脏。苹果能促进排便，有利于毒素的排出。二者搭配食用，对湿疹能起到一定的缓解作用。

清热消暑
养血益气

清热解毒
利水消肿

芹菜双米粥

材料 芹菜、大米各50克，小米10克。

做法

1. 大米、小米分别淘洗干净，用水浸泡。
2. 芹菜取茎部，洗净后切碎。
3. 大米和小米一同入锅，加水煮开。
4. 倒入芹菜碎，继续煮至粥熟即可。

营养师支招

芹菜可清热解毒，小米有温胃的作用，加上大米一起煮粥，可起到清热解毒、平肝健胃、利水消肿等作用，对宝宝湿疹有很好的缓解作用。

黑豆青豆薏米浆

材料 黑豆 50 克，青豆、薏米各 25 克。

做法

1. 黑豆和青豆用清水浸泡 12 小时，洗净。薏米淘净，清水浸泡 2 小时。
2. 将泡好的食材倒入豆浆机中，加水至上、下水位线之间，煮至豆浆机提示豆浆做好，过滤即可。

营养师支招

黑豆可以加速血液流动，促进毒素的排出。青豆有抗氧化作用，能消炎抗菌，还有保护血管及健脑等多种作用。

排毒消炎
保护血管

祛湿利尿

薏米红小豆粥

材料 薏米 50 克，红小豆 25 克。

做法

1. 薏米和红小豆分别洗净，用清水浸泡 2 小时。
2. 锅中加水，倒入泡好的薏米和红小豆，大火烧开。
3. 转小火炖熟烂即可。

营养师支招

此粥可祛湿利尿，宝宝适量食用，每日 1 次，对湿疹有很好的缓解和治疗效果。

荨麻疹

荨麻疹就是平日所说的"风疹疙瘩"，多以凸起于皮肤表面的红色团块为表现，常常伴随瘙痒感。荨麻疹可出现在局部，也可出现在全身，是一种常见的发生于真皮层的瘙痒性皮肤病。荨麻疹是由于过敏原或其他因素，致使皮肤黏膜血管出现暂时性炎症与大量液体渗出，造成的局部水肿性损害。

饮食加分法则

给宝宝选择过敏食物的替代品。要避免宝宝过敏，但完全不吃某类食物又担心宝宝会营养不良，这时可以寻找替代食物来喂，可以食用经常吃且没有发生过敏的食物。如对面粉过敏，替代食物可选择米制品、土豆；如对鸡蛋过敏，替代食物可选择豆腐、鸡肉、牛肉。

饮食减分法则

给宝宝吃易引发过敏的食物。小儿荨麻疹多是过敏所致，常见的过敏原是食物。已经出现荨麻疹的患儿，尽量避免食用常见的可疑致敏食物，如鱼、虾、蟹、贝类、牛奶、蛋类、黄豆、花生、草莓、李子、柑橘、芹菜、香菜、香蕉、冷饮、巧克力等。饭菜内尽量不要加调味料，如酱油、鸡精、五香粉等。

预防荨麻疹小窍门

对于一些对周围环境比较敏感的宝宝，爸爸妈妈要注意防范花粉、动物皮屑、烟雾、羽毛、乙醚、汽油、粉尘乃至真菌孢子等，这些常常是导致宝宝荨麻疹的原因。另外，蚊虫叮咬、摩擦、压力等都可以引起荨麻疹。

宜吃的食物

小米
增强体质，预防荨麻疹。

白菜
有助于预防过敏，减少荨麻疹的出现。

柠檬
提高免疫力，减少荨麻疹发作。

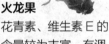
火龙果
花青素、维生素 E 的含量较为丰富，有调节免疫的作用。

宝宝荨麻疹调理营养餐

胡萝卜小米粥

材料 小米 30 克，胡萝卜 20 克。

做法

1. 小米洗净，熬成小米粥。胡萝卜去皮洗净，切丁，蒸熟。
2. 将胡萝卜捣成泥，与小米粥混合，搅拌均匀即可。

营养师支招

小米中的维生素和矿物质含量丰富，能保护宝宝的脾胃；胡萝卜有健脾消食的功效。两者搭配食用有利于保护肠胃健康，方便吸收。

减轻过敏
不适

强壮身体

小白菜蛋黄粥

材料 小白菜 40 克，熟蛋黄 1 个，大米 20 克。

做法

1. 大米淘洗干净，加适量水熬成粥。
2. 小白菜洗净，切碎。熟蛋黄放入碗中研碎。
3. 将小白菜碎、蛋黄碎一起放入米粥中煮熟即可。

营养师支招

小白菜口感清新甜美，可以为宝宝提供钙、磷、铁等矿物质，以及膳食纤维、多种维生素。

酸奶沙拉

材料 柚子肉 20 克，香蕉半根，火龙果 1/4 个，原味酸奶 40 克，小番茄 1 个。

做法

1. 柚子肉切块。火龙果去皮，用挖球器挖球。香蕉去皮，切片。小番茄洗净，切划"十"字。
2. 所有食材一起放入碗中，淋上酸奶即可。

营养师支招

酸奶中的乳酸菌属于益生菌，有助于宝宝消化，同时增进食欲。

减轻过敏反应

252

猪肝圆白菜卷

材料 猪肝 50 克，豆腐 80 克，胡萝卜半根，圆白菜叶 2 片。

调料 淀粉适量。

做法

1. 猪肝剔去筋膜，切成片，用清水浸泡 30～60 分钟，中途勤换水，泡好的猪肝片用清水反复清洗，最后用热水再清洗一遍，蒸熟后放料理机中打碎。豆腐洗净，切碎。胡萝卜洗净，去皮，切碎。

2. 将胡萝卜碎、猪肝碎和豆腐碎一起放入碗中，调匀制成馅料。圆白菜叶用开水烫软后平铺，中间放入馅，卷起包住，用淀粉封口。

3. 将猪肝圆白菜卷放入蒸锅中，加适量水，蒸熟即可。

营养师支招

这道菜可补铁、维生素 C、膳食纤维，促食欲，助消化。

促进消化

哮喘

小儿哮喘是指过敏体质宝宝的支气管对某些外来物质产生高敏反应，使支气管痉挛、支气管内分泌物增多，从而引起咳嗽、气喘、多痰等一系列临床症状。家人需要做好宝宝的日常预防及护理工作，以减少或避免哮喘的发生。

饮食加分法则

1 一日三餐宜清淡。哮喘患儿应保证清淡饮食，最好吃易消化的半流质饮食或软食；多吃新鲜蔬菜、水果，有利于通便；加强营养，保证蛋白质和热量的摄入，注意荤素搭配及食物多样化。

2 限制高碳水化合物食物的摄取。由于高碳水化合物食物会提高呼吸频率，从而加重呼吸系统的负担，因此建议哮喘患儿每日碳水化合物供给的热量以不超过每日总热量的50%为宜。

3 补充足够的水分。注意给宝宝补充足够的水分，水可以稀释痰液，使痰液容易咳出。

饮食减分法则

1 给宝宝吃致敏食物。应避免给宝宝吃会引起过敏的食物，如牛奶、鸡蛋、花生、瓜子、巧克力、桃子、芒果、海鲜等，不吃或少吃有食品添加剂的食品。

2 多盐。哮喘患儿应限制盐的摄入，食盐摄入过多会使哮喘发病率增加。

预防哮喘小窍门

科学预防感冒：不带宝宝到人群密集、空气不流通的公共场所，如超市、商场、电影院等；避免接触感冒患者；根据季节变化为宝宝增减衣物，避免着凉；通过运动提高抵抗力，帮助宝宝选择适当的运动项目和运动方式，如游泳、散步、慢跑、体操、骑自行车等；可让宝宝做呼吸训练，如吹哨子、吹气球、大声唱歌等。

宜吃的食物

南瓜
具有平喘的功效，因此非常适合哮喘患儿食用。

莲藕
辅助调理过敏性哮喘。

枇杷
有清热润肺、滋阴润燥的功效，可以润肺补肺，缓解哮喘的症状。

白萝卜
含有丰富的碳水化合物和多种维生素，有利肺止咳平喘的功效。

南瓜面条

材料 南瓜 150 克，面粉 120 克。

调料 香油适量。

做法

1. 南瓜去皮、子，洗净，切小块，放入搅拌机中加少量水打成糊备用。
2. 将南瓜糊倒入面粉里，再一点点加水揉成光滑的面团，醒发 30 分钟后用压面机压成面条，撒些面粉防粘。
3. 锅里水烧开后，加入面条煮熟，最后加香油调味即可。

平喘

清热润肺

鲜藕茅根水

材料 鲜藕 200 克，鲜茅根 50 克。

做法

1. 鲜藕洗净，切碎。鲜茅根洗净，切碎。
2. 将鲜藕碎、鲜茅根碎和适量水一起煮 10 分钟左右即可。

营养师支招

白茅根善清肺胃之热，因它有利水作用，能导热下行，搭配清热润肺、润燥止咳的莲藕，缓解哮喘症状的作用更好。

肥胖症

宝宝肥胖通常与饮食习惯有关，比如爱吃甜食和油腻的食物，暴饮暴食，常吃零食，不爱吃蔬菜和水果，等等。肥胖会影响孩子身体和智力的发育，成年后还易患代谢性疾病，因此应及时控制体重。

饮食加分法则

1 饮食宜均衡、合理。饮食均衡是指合理搭配宝宝的食物，包括瘦肉、鱼、虾、禽、蛋、奶等动物性食物，以及各种蔬果和谷类等。食物的种类要丰富，而且比例要合理。

2 宜养成良好的饮食习惯。一日三餐定时定量，早餐一定要吃，晚餐一定要控制。吃饭时要让宝宝细嚼慢咽，养成良好的进食习惯。

饮食减分法则

1 过量喂宝宝奶粉。有的妈妈在宝宝想喝奶时就给喂，但奶粉和母乳不一样，要控制浓度、量和次数，否则会令宝宝营养过剩。

2 过早添加高热量辅食。宝宝从小开始就吃高热量辅食，容易由体重快速增长转为肥胖，因此最好不要长期喂高热量辅食。

3 过食甜味零食。不要给宝宝吃糖分和热量高的糖块、饼干、巧克力等，最好将新鲜即食的蔬果、酸奶等作为宝宝的零食。

预防肥胖症小窍门

父母宜增加宝宝的活动量。宝宝正在成长中，不适合节食减肥，应该加大活动量，以消耗多余的热量。宝宝1周岁以前，父母应坚持每天给宝宝做被动运动。

宜吃的食物

黄瓜
含有抑制碳水化合物向脂肪转化的物质，能帮助宝宝减肥。

冬瓜
帮助宝宝控制体重。

西红柿
含有丰富的果胶和膳食纤维，容易让宝宝产生饱腹感。

白萝卜
含有帮助消化的酶，可促进脂肪类物质代谢，避免脂肪堆积。

山楂汁拌黄瓜

材料 嫩黄瓜1根，山楂30克。

做法

1. 黄瓜去皮、蒂，洗净，切条，然后入锅煮熟，捞出。
2. 山楂洗净，放入锅中加水煮软，小火熬成山楂糖汁。
3. 将晾干的黄瓜条和熬好的山楂糖汁拌匀即可。

降脂减肥

促进废物排出体外

草鱼冬瓜汤

材料 草鱼肉200克，冬瓜100克。

调料 香菜段、葱丝各5克，香油、植物油各适量。

做法

1. 草鱼肉去净鱼刺，洗净，切片。冬瓜去皮、瓤和子，切小片。
2. 锅上火，倒入油烧热，将鱼片两面煎至微黄，放入葱丝煸炒，加清水、冬瓜片，小火炖。
3. 煮至鱼片、冬瓜熟烂，加入香菜段、香油拌匀即可。

佝偻病

佝偻病是由于维生素 D 缺乏引起体内钙磷代谢紊乱，而使骨骼钙化不良的一种疾病。佝偻病会使宝宝的抵抗力降低，容易合并肺炎及腹泻等疾病，影响宝宝的生长发育。

饮食加分法则

1 每天给宝宝吃一次燕麦、糙米、小麦胚芽、小米、玉米、大麦、小麦、荞麦或黑麦煮的粥。

2 及时给宝宝合理添加蛋黄、猪肝、奶及奶制品、大豆及豆制品、虾皮、海米、海藻、绿叶蔬菜、芝麻酱等辅食，以增加维生素 D 的摄入。

3 哺乳期的宝宝吃母乳比喝牛奶更容易获取维生素 D。但是，母乳中维生素 D 和钙的含量有时并不能满足宝宝发育所需，可以通过添加辅食获得补充。

饮食减分法则

过量补充维生素 D。虽然佝偻病主要是由缺乏维生素 D 造成的，但是父母不要过量给宝宝补充维生素 D，以免引起维生素 D 中毒。维生素 D 中毒的症状主要为烦躁不安、食欲减低、四肢疼痛、表皮脱屑、多尿，严重的可致肾功能不全。

 预防佝偻病小窍门

佝偻病最常见于 6 个月~2 岁的婴幼儿，尤其是 1 岁以内的婴儿。这一阶段的宝宝生长发育快，维生素 D 及钙、磷需求多，爸爸妈妈要及时给宝宝补充营养素，多食用含有维生素 D 的食物，在早上九点前或者下午四五点的时候带宝宝晒晒太阳，参加户外活动。

宜吃的食物

三文鱼
富含维生素 D 和 DHA，有利于宝宝骨骼和大脑发育。

香菇
性平，味甘，香菇等蘑菇类是植物性食物中含维生素 D 较多的食物。

牛奶
钙的含量高达 85%，为易吸收的乳钙，而且牛奶中的乳糖、维生素 D 等都能促进钙的吸收，所以说牛奶中的钙在宝宝体内的吸收利用率极高，可帮助宝宝长高。

宝宝佝偻病调理营养餐

三文鱼肉松

材料 三文鱼 500 克，柠檬 1/2 个。

调料 植物油适量。

做法

1. 三文鱼洗净后切薄片，装盘。柠檬洗净，挤出柠檬汁淋在三文鱼片上，腌渍 15 分钟。

2. 取平底锅放入植物油后烧热，放入三文鱼片煎至两面金黄。

3. 晾凉后将三文鱼片装入食品袋中，用擀面杖隔着食品袋将三文鱼片碾碎。

4. 把碾碎的三文鱼放入锅中炒干，然后放入料理机中打碎，晾凉后装罐密封即可。

营养师支招

可以和粥类等食物搭配，促进宝宝吸收维生素 D 和 DHA。

调节免疫力

健体强骨

西蓝花香菇豆腐

材料 西蓝花 50 克，熟鸡蛋半个，鲜香菇、豆腐各 30 克。

调料 高汤适量。

做法

1. 西蓝花洗净，切小朵。香菇洗净，切小丁。熟鸡蛋剥壳，切碎蛋白，研碎蛋黄。豆腐冲净，切块。

2. 锅中加水煮沸，加高汤、西蓝花、香菇小丁和熟鸡蛋碎煮开，继续煮 10 分钟，放入豆腐块煮开即可。

猩红热

猩红热是因感染 A 组溶血性链球菌而出现红疹、发热的急性呼吸道传染性疾病，好发于 10 岁以下的儿童，常发生在晚秋和初春时。

饮食加分法则

1 补充水分。宝宝得了猩红热，会因高热和呕吐而丢失大量水分，最好让宝宝多喝水，吃少量新鲜水果，以增加排尿，有利于排毒。

2 注意及时调整饮食。猩红热患儿因为舌头水肿的关系，吃东西很困难，宜食用高热量、高蛋白、高营养的流食，牛奶、豆浆、面汤、蛋花汤都是不错的选择。待病情好转，可以选择半流质饮食，如虾泥、肉泥、荷包蛋、碎菜粥、莲子粥等，慢慢地就可以吃软食了。

饮食减分法则

食用油腻、辛辣刺激的食物。猩红热患儿要忌食油腻、辛辣刺激的食物，饭菜以清淡、少油为宜，因为猩红热患儿会出现咽喉痛，油腻、辛辣刺激的食物会加重疼痛。

预防猩红热小窍门

引起猩红热的致病菌为 A 组溶血性链球菌，病菌一般存在于猩红热患儿或者带菌者的鼻咽部，通过飞沫直接传染给其他人，也可以由带菌的玩具、生活用品等间接传播。爸爸妈妈在照顾宝宝的时候要注意卫生，勤洗手，做好环境消毒，保持居住环境干净。

宜吃的食物

桑叶
性寒，味甘、苦，具有疏风清热、凉血、清肝明目的功效。

绿豆
性凉，味甘，具有清热解毒、利尿润肤的功效，可以缓解猩红热患儿的不适症状。

桑菊百合饮

材料 桑叶、菊花各 10 克，干百合 6 克。

做法

1. 桑叶、菊花、百合分别洗净。
2. 将桑叶、菊花、百合放入锅中，加适量水煎煮 15 分钟，取汁即可。

营养师支招

桑叶能清热凉血，野菊花能疏风清热，两者搭配有平降肝阳之功效，还能起到抑菌抗炎的作用，主治猩红热。

抗菌消炎

祛火消炎

绿豆白菜汤

材料 绿豆 70 克，白菜心 200 克。

调料 盐、香油各适量。

做法

1. 绿豆洗净，用清水浸泡 1 小时。白菜心洗净。
2. 锅中加水，加绿豆烧开，小火煮烂。
3. 加入白菜心煮熟，去渣取汁，调入适量盐和香油即可。

营养师支招

白菜和绿豆均有祛火消炎、消肿利尿的作用，非常适合猩红热患儿食用。

尿频

宝宝由于膀胱小，尿量相对较多，故小便次数也较多。但是，若排尿次数过多，超过正常范围，可基本判断为尿频。

饮食加分法则

1. 注意补锌、补钾。富含锌的食物有牡蛎、核桃等，富含钾的食物有香菇、香蕉、花生、核桃等。

2. 吃些温补固涩的食物。日常可让宝宝适当食用黑芝麻、莲子、枸杞子、核桃、桂圆、山药、韭菜、乌梅等。

饮食减分法则

1. 吃利尿的食物。睡前少喝水和饮料，少吃利尿的食物，如西瓜、冬瓜、红豆、葡萄、薏米、红豆、鲤鱼等。

2. 吃多盐、多糖和生冷食物。多盐、多糖皆可引起多饮多尿，生冷食物可削弱脾胃功能，对肾无益，故应忌食。

预防尿频小窍门

中医学认为，小儿尿频主要由宝宝体质虚弱，肾气不固，膀胱约束无能，气化不宣所致；西医学认为，宝宝尿频主要由尿量增加、精神因素、炎症刺激及膀胱容量减少所致。所以，爸爸妈妈在照顾宝宝时要注意营养均衡，保证宝宝摄入充足的营养，同时对宝宝进行抚触等活动，帮助宝宝适当运动，增强宝宝抵抗力。护理过程中，要勤洗手，防止宝宝尿路感染，宝宝大便后及时清理好，保持干燥卫生。

宜吃的食物

核桃
性温，味甘，有补血养气、补肾填精、止咳平喘、润燥通便等功效，适用于肾虚腰痛、健忘、尿频等症。

山药
性平，味甘，具有健脾补肺、止渴、益精固肾的功效。

核桃腰果米糊

材料 大米、小米各 30 克，核桃仁 10 克，腰果 20 克，红枣 1 枚，桂圆 5 克。

做法

1. 大米、小米分别淘洗干净，用清水浸泡 2 小时。核桃仁、腰果切碎。红枣洗净，用温水浸泡 30 分钟，去核。桂圆去壳、核。
2. 将所有食材倒入豆浆机中，加水适量，按"米糊"键，煮至豆浆机提示米糊做好即可。

健脾益肾

健脾补肾

桂圆红枣粥

材料 糯米 50 克，桂圆肉 10 克，红枣 6 枚。

做法

1. 糯米淘洗干净，浸泡 4 小时。桂圆肉去杂质，洗净。红枣洗净，去核，切块。
2. 锅置火上，加适量清水烧开，放入糯米、桂圆肉、红枣，用大火煮沸，转小火熬煮成粥即可。

流行性腮腺炎

宝宝患流行性腮腺炎后，可表现为从耳根部到下颚部位的肿胀，由最初的一边肿大可以变为两边都肿，部分宝宝可能只在一边有肿胀。在高峰期宝宝会发热，可达 38～39℃，肿胀或局部疼痛通常持续 5～7 天，也有持续 10 天左右的情况。

饮食加分法则

1 给宝宝喝一些米汤、粥等食物，减少宝宝咀嚼，减轻疼痛。

2 及时给宝宝添加新鲜的蔬果汁，以增强宝宝的抵抗力。

3 给宝宝添加有解毒功能的食物，白萝卜、藕粉等都是不错的选择。

4 适当多给宝宝喝水，以促进腮腺管口炎症的消退。

饮食减分法则

1 给宝宝吃较酸的食物。这类食物可促进腮腺的分泌，导致宝宝疼痛加重。

2 吃鱼、虾、蟹等发物，吃辛辣、肥甘厚味等助湿生热的食物。

预防调理流行性腮腺炎小窍门

在呼吸系统疾病流行期间，不要将宝宝带到人群拥挤的公共场所。

让宝宝养成良好的卫生习惯，勤给宝宝洗手，室内常通风，宝宝的衣物要勤晒洗，让宝宝多运动。

饭后及睡前用淡盐水漱口或刷牙，清除口腔及牙齿上的食物残渣，防止继发感染。

宜吃的食物

金银花
有宣风散热、清血解毒的功效，适合流行腮腺炎的宝宝食用。

冬瓜
维生素 C 含量丰富，钾多钠少，能利尿消肿，缓解宝宝流行性腮腺炎症状。

西瓜
能够加快宝宝流行性腮腺炎的恢复。

绿豆
有清热祛火的效果，能促进炎症恢复。

冬瓜萝卜豆浆

材料 黄豆 40 克，冬瓜 30 克，白萝卜 30 克。

做法

1. 黄豆洗净，浸泡 4 小时。冬瓜去皮，除子，洗净，切小块。白萝卜洗净，切丁。
2. 将黄豆、白萝卜丁和冬瓜块倒入全自动豆浆机中，加水至上、下水位线之间，按下"豆浆"键，煮至豆浆机提示豆浆做好，过滤即可。

营养师支招

白萝卜含有丰富的膳食纤维，可起到促进肠胃蠕动、消除便秘、排毒等作用；冬瓜有很好的清热利湿作用。二者搭配食用能缓解宝宝流行性腮腺炎的症状。

缓解腮腺炎症状

金银桃花茶

材料 金银花 10 克，桃花 10 朵。

做法

1. 金银花和桃花用水浸泡，洗净。
2. 将金银花和桃花放入煎锅内，加适量清水煎好即可。

营养师支招

此茶有清热润便、疏利咽喉及消暑解燥的效果，对流行性腮腺炎有预防作用，还能提高宝宝的抵抗力。

提高宝宝免疫力

西瓜草莓汁

材料 西瓜（去皮）150 克，草莓 100 克。

做法

1. 西瓜去籽，切块。草莓去蒂，洗净，切块。
2. 将上述食材放入果汁机中，加入适量饮用水搅打，打好后即可。

营养师支招

西瓜有消暑的作用，还有解热镇咳、利水排便等功效，搭配草莓，味道酸甜可口，非常适合患有流行性腮腺炎的宝宝在夏日饮用。

解热镇咳利水排便

水痘

水痘是由水痘-带状疱疹病毒引起的疾病，会破坏宝宝体内很多营养成分，潜伏期为2~3周。开始时，宝宝皮肤上会出现一两个红色米粒大的发疹，很快就会遍及全身，变成水疱样，然后慢慢变成脓包，填充有发白的浑浊性液体，瘙痒难耐。有的宝宝会出现轻度头痛、发烧、口腔溃疡等。

饮食加分法则

1 在日常饮食中，适当增加维生素C含量较高的食物。

2 宝宝的饮食要易消化且富有营养。

3 督促宝宝多喝水，可增加一些柑橘类果汁。

4 适当给宝宝增加麦芽制品的食用。

饮食减分法则

1 给宝宝吃辛辣、刺激性食物。这类食物容易导致上火和生痰。

2 经常给宝宝吃过甜或咸味较重的食物。这类食物不利于宝宝水痘的消退，反而会影响宝宝以后的皮肤健康，使得宝宝的皮肤容易留痕。

 预防水痘小窍门

让宝宝多运动，提高宝宝的免疫力。

不要带宝宝接触水痘患者，不要带宝宝去人群密集的场所。

平时注意宝宝的卫生，帮助宝宝养成良好的卫生习惯，让宝宝勤洗手。

室内经常通风，保持室内空气清新。

宜吃的食物

胡萝卜
富含维生素，有轻微、持续的发汗作用，帮助宝宝刺激皮肤的新陈代谢，维护皮肤健康。

薏米
有渗湿利水、健脾祛湿的功效，有助于保持皮肤健康。

金银花
有清热解毒的功效，能宣风散热，可帮助宝宝调养水痘。

荸荠
有抑菌、调节酸碱平衡的作用，对水痘等有调理作用。

宝宝水痘调理营养餐

荸荠汤

材料 荸荠 250 克。

做法

1. 荸荠去皮，洗净，拍碎。
2. 锅置火上，放入拍碎的荸荠和适量清水，大火煮沸。
3. 用小火继续煮 20 分钟，加冰糖煮至溶化，去渣取汁即可饮用。

营养师支招

荸荠具有抗菌作用，还可以促进皮肤创面的修复。

抗菌

开胃解毒

香菜鸡蛋饼

材料 面粉 200 克，香菜 70 克，鸡蛋 1 个。

做法

1. 鸡蛋分离出蛋黄，打散。香菜洗净剁碎，加面粉、蛋黄液，搅匀成面糊。
2. 平底锅置火上，倒油加热，加面糊，用铲子铺平，稍盖一会儿，至两面均呈金黄色即可。

营养师支招

鸡蛋能给宝宝补充充足的营养，促进骨骼发育，提高智力；香菜有开胃解郁、止痛解毒的功效，对水痘有很好的缓解作用。

专题 怎样增强宝宝的体质

关注饮食

食物不仅仅能为宝宝提供所需的营养素，还能帮助宝宝增强抵抗力，减少疾病的发生。当然，宝宝的各器官都很娇嫩，日常的饮食还要细心地选择。

宝宝的饮食选择

宝宝刚出生，最好的营养获取方式是喝母乳。母乳喂养不仅健康，而且母乳中所含的营养物质和营养比例最有利于宝宝的吸收。

新鲜的绿色蔬菜、水果、豆制品及粗粮是宝宝获取维生素的绝佳选择，不但种类较全面，所含的量也较多，对增强宝宝免疫力至关重要。此类食物的色、香、味也能够刺激宝宝的食欲，但还需要做些"手脚"——要讲究一下食物大小、色泽和味道哟！爸爸妈妈们要多费些心呢。

胡萝卜、大白菜、百合、藕等食物中的无机盐含量较丰富，这些食物能促进宝宝生长发育，增强宝宝体质和宝宝的产热功能，增强耐寒能力，并能预防和减少某些疾病的发生。另外，膳食纤维、碳水化合物、脂肪等也是宝宝不可或缺的营养基础，家长们要合理选择食物，避免营养供给有缺失。

水，不能缺少

人体中，水占总体重的 70%，刚出生的宝宝体内水分重量占比可高达 80%，这足以证明水对宝宝的重要性。水的作用还在于：①多喝水可以保持黏膜湿润，抵挡细菌的入侵，减少宝宝疾病的发生；②加速血液循环，防止血液黏稠，促进宝宝体内毒素的排泄。

宝宝的体表面积与体重比值较高，蒸散所流失的水分较多，而且宝宝易发生脱水，因此宝宝每日水的摄入量以 600~800 毫升为宜。注意要给宝宝喝白开水，各种含糖饮料不适合给宝宝喝。

培养良好的生活习惯

❦ 适量运动，增强宝宝免疫力

爸爸妈妈们要常带宝宝出去活动，这对宝宝的骨骼发育，以及免疫力、想象力、语言能力等各个方面的提高都有促进作用。宝宝不能独立行走的时候，爸爸妈妈们可以抱着宝宝多晒晒太阳，或者让宝宝坐在婴儿车中，慢速地推着车在环境好的场地走动；较大一点的宝宝能独立行走后，可适当加大宝宝的活动范围，活动的时间也可适当延长，这对改善宝宝体质也有很好的效果。

❦ 巧穿衣，勤通风

宝宝穿衣的多少要适宜，以穿上后不出汗、手脚温热为度。家长不要按照自己的感觉随意给宝宝做穿衣选择，若因为怕宝宝受凉而给宝宝穿得过多，宝宝活动后出汗增多，如果不能及时换掉衣服，反而容易感冒。

另外，保持室内空气流通、经常开窗换气对预防宝宝感冒、提高抗病能力等有很大的用处。每天开窗通风2次，每次20分钟，室内温度保持在20℃左右，湿度为50%~60%对宝宝更为适宜，可减少宝宝呼吸道感染的机会。

❦ 充足的睡眠很重要

宝宝睡眠时间很长，良好的睡眠不仅有利于促进宝宝对营养的吸收及身体的生长发育，还可以改善宝宝体质，提高免疫力。

0~3个月的宝宝每天应有16~20个小时的睡眠时间，3~6个月的宝宝为15个小时左右，6个月~1岁的宝宝为14个小时左右。

如果宝宝该睡觉了，但没有睡意，很闹，妈妈可以将宝宝抱起，将光线调暗，关掉周围有声音的电器，让宝宝趴在自己的胸口上，听着自己的心跳入睡，这是非常有效的。宝宝睡觉时室内温度以20~25℃为宜，同时要避免宝宝着凉。

预防接种

接种疫苗对宝宝抵御传染病来说是很有效的积极措施，因此要及时给宝宝接种。1岁之前的宝宝需要接种的疫苗包括乙型肝炎疫苗、卡介苗、脊髓灰质炎糖丸、百白破疫苗、A群流脑疫苗、麻疹疫苗和乙脑疫苗（具体时间可参考相关的小儿接种说明）。

宝宝接种疫苗前，爸爸妈妈们要给宝宝洗个澡，换身干净的衣服，到医院后向医生说清宝宝具体的健康状况，以便医生判断有无接种的禁忌证等，这些都是很重要的细节。同时，注意问清接种后的注意事项以及下次接种的具体时间等。

宝宝最需要的营养素

蛋白质

功能解析

增强免疫力；有助于宝宝身体新组织的生长和受损细胞的修复；促进新陈代谢；补充体内的热量。

食物来源

富含蛋白质的食物有牛奶、畜肉（牛、羊、猪）、禽肉（鸡、鸭、鹅、鹌鹑）、蛋类（鸡蛋、鸭蛋、鹌鹑蛋）、水产品（鱼、虾、蟹）、豆类（黄豆、青豆、黑豆）等。此外，芝麻、瓜子、核桃、杏仁、松子等干果中蛋白质的含量也较高。

营养素缺乏的表现

生长发育迟缓、体重减轻、身材矮小、容易疲劳、抵抗力降低、贫血、病后康复缓慢、智力下降。

脂肪

功能解析

为宝宝提供热量，提供皮肤生长、保持光滑和健康所需的脂肪酸，维持正常体温，在受到外力冲击时保护内脏；促进维生素 A、维生素 D、维生素 E、维生素 K 等脂溶性维生素的吸收；间接帮助宝宝的身体组织吸收钙，有助于宝宝牙齿和骨骼的发育。脂肪对于宝宝而言还有一个很重要的作用就是促进大脑发育。

食物来源

猪肉、禽蛋、鱼、奶油、乳酪、芝麻、花生、葵花子、玉米、食用油等都是脂肪含量丰富的食物。

营养素缺乏的表现

免疫力低，容易感冒；精力不足、记忆力不强、视力较差；经常感到口渴，出汗较多；皮肤干燥、头发干枯、头皮屑多，甚至患上湿疹；极度缺乏时体重不增加，形体消瘦，生长相对缓慢。

碳水化合物

功能解析

碳水化合物能为宝宝的身体提供能量，是最主要也是最经济的能量来源。宝宝的神经、肌肉、四肢及内脏等的发育与活动都必须得到碳水化合物的大力支持。

食物来源

含碳水化合物最多的食物是所有谷类和薯类。面粉、大米、糙米、全麦面包、坚果、番薯、蔬菜（胡萝卜）、水果（甘蔗、甜瓜、西瓜、香蕉、葡萄）等，这些都是碳水化合物很好的食物来源。

营养素缺乏的表现

精神不振，头晕，全身无力，疲乏，血糖降低，脑功能障碍；体温下降，畏寒怕冷；生长发育迟缓，体重减轻；可伴有便秘的症状。

维生素 A

功能解析

增强免疫力；维持神经系统的正常生理功能；维持正常视力，降低夜盲症的发病率；促进牙齿和骨骼的正常生长，修补受损组织，使皮肤表面光滑柔软，有助于血液的形成；促进蛋白质的消化。

食物来源

猪肝、鸡肝等动物肝脏，鱿鱼、鳝鱼、生海胆等海产品，还有鱼肝油、蛋类、牛奶等。

营养素缺乏的表现

食欲降低，生长迟缓；皮肤粗糙、干涩，浑身起小疙瘩，好似鸡皮；牙齿和骨骼软化；头发干枯、稀疏且没有光泽；眼睛干涩，夜间视力减退；指甲变脆，形状改变。

维生素 B 族

功能解析

提高宝宝的智力，增进宝宝的食欲，维持神经系统和心脏的正常功能。

食物来源

糙米、小米、绿叶蔬菜、豆类、牛奶、瘦肉、动物肝脏、鱼肉、坚果、香蕉等。

营养素缺乏的表现

容易疲劳，烦躁易怒，情绪不稳定；胃口不好，消化不良，有时会吐奶；口腔黏膜溃疡，嘴角破裂且疼痛，舌头发红、疼痛；精神不振，食欲下降；毛发稀黄，容易脱落。

维生素 C

功能解析

增强免疫力；促进宝宝牙齿和骨骼的生长，防止牙齿出血；促进骨胶原的生物合成，利于伤口更快愈合；能对抗坏血病，降低慢性疾病的发病率，并能减轻感冒症状；降低过敏物质对宝宝身体的影响；帮助宝宝更好地吸收铁、钙及叶酸。

食物来源

维生素 C 广泛存在于水果和新鲜蔬菜中。此外，豆类食物中缺乏维生素 C，然而一旦豆子发芽，芽中就富含维生素 C 了，如绿豆芽、黄豆芽、豌豆苗等。

营养素缺乏的表现

容易感冒；发育迟缓，骨骼畸形，易骨折；身体虚弱，面色苍白，呼吸急促；体重减轻，食欲不振，消化不良；有出血倾向，如牙龈肿胀出血、鼻出血、皮下出血等，伤口不易愈合；可能引起贫血和心脏病。

钙

功能解析

维持神经、肌肉的正常兴奋性；维持正常的血压；是构成牙齿、骨骼的主要成分，能预防骨质疏松症和骨折；可调节心律，控制炎症和水肿；能调节人体的激素水平；降低肠癌的发病率。

食物来源

饮食中的钙有 30% 来自蔬菜，如小白菜、西蓝花等，但蔬菜中的钙较难吸收，20% 的钙来自容易吸收的奶及奶制品，如牛奶、奶酪等，剩下 50% 的钙来自水产类、豆类、蛋类、种子类等食品，如豆腐、黄豆、小鱼干、虾米、连骨吃的鱼、海带、紫菜、黑芝麻、花生等。

营养素缺乏的表现

神经紧张，脾气暴躁，烦躁不安；肌肉疼痛，骨质疏松；多汗，尤其是入睡后头部出汗；夜里常突然惊醒，哭泣不止；轻微缺乏时会表现为关节痛、心率过缓、蛀牙、发育不良、手脚痉挛或抽搐等，严重缺乏时可引起小儿佝偻病。

铁

制造血红素；将氧气输送到人体的每一个部分，供人体呼吸氧化，消化食物，获得营养，提供能量；促进宝宝生长发育，提高免疫力；预防缺铁性贫血，防止疲劳。

食物来源

动物内脏、瘦肉、鸡肉、蛋黄、虾、海带、紫菜、蛤蜊肉、芝麻、红枣、黑木耳、红糖、黄豆、菠菜等都是铁的不错的食物来源。其中，肉类中的铁较易被吸收，蔬菜中的铁较难被吸收。

营养素缺乏的表现

疲乏无力，面色苍白；好动，易怒，兴奋，烦躁；患有缺铁性贫血。

锌

功能解析

促进宝宝生长发育，促进宝宝的智力发育；促进宝宝正常的性发育；维持宝宝正常的味觉功能及食欲，促进伤口的愈合，提高免疫力。

食物来源

动物性食物的含锌量比植物性食物的含锌量更高。牛肉、猪肉、猪肝、禽肉、鱼、虾、海带、牡蛎、蛏子、扇贝、香菇、口蘑、银耳、黄花菜、花生、核桃、栗子、豆类、全谷类等食物中都含有锌。

营养素缺乏的表现

生长发育缓慢，身材矮小，性发育迟滞；免疫力降低，伤口愈合缓慢；容易紧张、疲倦，警觉性降低；食欲差，有异食癖；指甲上有白斑，指甲、头发无光泽、易断；皮肤上有色素沉着，有横纹。

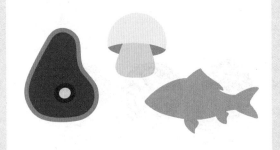